КИРОВ

Werner Albring
Gorodomlia

Inhalt

Vorwort

Dresden, auf der Südhöhe; in einem unscheinbaren Zweifamilienhaus bewohnt Werner Albring mit seiner Frau Gertrud die untere Etage. Der Blick aus seinem Wohnzimmer geht ins leicht gewundene Mockritztal, das sich im Dunst der Frühjahrssonne zu verlieren scheint. Die gegenüberliegende nördliche Seite wirkt durch das Fenster des Arbeitszimmers eher abweisend: eine laute Straße, dahinter ein Wall, der aus den Trümmern des Zweiten Weltkrieges errichtet wurde.

Der Krieg ist auch zeitweise Gegenstand unseres Gesprächs, der Krieg am Golf. Als der irakische Staatschef Saddam Hussein begann, Raketen sowjetischer Bauart gegen Israel abzufeuern, und viele davon noch während des Anfluges zerstört wurden, erinnerte Albring sich an ein Gespräch mit einem russischen Oberst im Jahre 1948. Der Oberst wollte von ihm, dem deutschen Wissenschaftler und Raketenforscher, wissen, ob es möglich sei, schon abgefeuerte feindliche Raketen in der Luft zu bekämpfen. Albring schüttelte den Kopf; da müsse er sich schon an den sagenhaften Baron Münchhausen wenden, erwiderte er dem Obersten. Denn nur Münchhausen habe es verstanden, auf Kanonenkugeln zu reiten und auf eine entgegenkommende Kugel umzusteigen.

Im Februar 1991 – auf dem Höhepunkt des Golfkrieges – notierte Albring in seinem Tagebuch: »Auch Münchhausens phantastische Erzählungen sind von der heutigen Raketentechnik übertroffen werden.«

Neben seiner Anteilnahme an der Bedrohung Israels und der arabischen Staaten hatte Albring noch einen besonderen Grund, die sowjetischen Raketen genau zu beobachten.

Denn er war sechs Jahre lang an der Entwicklung von Vorläufern der »Skud«-Mittelstreckenraketen beteiligt gewesen. Zum Zeitpunkt der Unterredung mit dem sowjetischen Obersten lebte er zusammen mit anderen deutschen Wissenschaftlern und Raketenspezialisten auf einer kleinen Insel im Seligersee mit Namen Gorodomlia, streng abgeschieden von der Außenwelt.

Gorodomlia liegt im Quellgebiet der Wolga zwischen Moskau und Leningrad. Nach Gorodomlia waren die deutschen Wissenschaftler im Spätherbst des Jahres 1946 in einer militärischen Aktion verfrachtet worden, nachdem sie sich zuvor freiwillig für eine Forschungstätigkeit in der sowjetischen Besatzungszone gemeldet hatten.

Werner Albring beschreibt den abenteuerlichen Weg, der ihn und seine Familie aus dem zerstörten und zerrissenen Nachkriegsdeutschland in die Abgeschiedenheit der kleinen Insel im Seligersee führte. »Gorodomlia« ist kein wissenschaftliches Werk wie andere Arbeiten von Albring. Die Technik des Raketenbaus, die Strömungsmechanik – sein eigentliches Forschungsgebiet – kommen selbstverständlich vor, aber dieser Teil wird eingebunden in einen ungewöhnlichen Erfahrungsbericht über den Alltag auf Gorodomlia, soweit man von Alltag unter solchen extremen Bedingungen überhaupt sprechen kann. So entstand ein dichtes, faszinierendes Dokument der jüngsten Zeitgeschichte; es entstand – kühl beschrieben – ein Kapitel der Wissenschaft, das bislang so gut wie unbekannt ist.

Daß deutsche Raketenforscher wie Wernher von Braun nach dem Krieg in die USA übergesiedelt sind und dort die in Peenemünde begonnene Raketenforschung fortgesetzt haben, weiß jedes Schulkind. Daß von Peenemünde aus ein zweiter Strang in Richtung Sowjetunion ausging, ist kaum im öffentlichen Bewußtsein.

Mit Wernher von Braun will Werner Albring sich nicht

vergleichen; das verbietet ihm schon die eigene Bescheidenheit. Und auch den deutschen Anteil an der sowjetischen Raketenforschung sieht er eher als begrenzt an. »Ich meine«, schreibt er an einer Stelle, »daß die russische Wissenschaft über gleichrangige Spitzenkräfte verfügt, wie sie in Westeuropa und in den USA arbeiten.«

Auch daß er womöglich ein Leben im sonnigen Kalifornien verpaßt hat, kann er verschmerzen. Es war eher ein Zufall, daß Werner Albring bei den Sowjets landete, genauer: ganz praktische Überlegungen führten im Frühjahr 1946 zu einer Vereinbarung mit deutschen Stellen in der sowjetischen Besatzungszone. Albring sollte an einem Institut in der Stadt Bleicherode im Harz forschen. So konnte er mit seiner Familie in Deutschland bleiben. Niemand hatte damals geahnt, daß er schon wenige Monate später mit Frau und Kind im tiefsten russischen Winter steckte.

Das Leben auf Gorodomlia hatte seinen festen Rhythmus. Den Deutschen kam zugute, daß sie nicht nur Wissenschaftler und Techniker waren, sondern auch fast ausnahmslos über einen breiten Bildungshorizont verfügten. Die Freizeit in dieser engen Gemeinschaft war mit vielen Hobbys angefüllt; es gab zwei konkurrierende Theatergruppen, literarische und philosophische Zirkel. Werner Albring zeichnete, malte und schauspielerte. Die russische Landschaft hinterließ einen tiefen Eindruck auf ihn, auch wenn die Deutschen nur einen kleinen Ausschnitt von Rußland zu Gesicht bekamen. Die Ausflüge in die Umgebung waren streng limitiert. Von Bewegungsfreiheit konnte keine Rede sein.

Selbstkritisch setzt Albring sich auch mit der eigenen Rolle beim Bau von Kriegsgerät auseinander. Nach der Rückkehr aus Rußland zog er für sich Konsequenzen. Fortan widmete er sich nur noch ziviler Forschung. Das attraktive Angebot, Dekan einer neu einzurichtenden Flugzeugfakultät der Universität Rostock zu werden, lehnte er ab.

Albring ging an die Technische Universität Dresden, wo bereits mit ihm befreundete Wissenschaftler tätig waren. In den folgenden Jahren interessierte er sich nur noch für die »wunderschöne Anwendung der Strömungstechnik auf friedlichem Gebiet«. Dabei ist es bis heute geblieben. Auch als emeritierter Professor arbeitet er weiter an der TU Dresden, kümmert sich um junge Wissenschaftler und setzt einige seiner Forschungsarbeiten fort.

Da Albring zum SED-Regime genügend Distanz gehalten hatte, kann er es sich heute leisten, nicht alles zu verteufeln, was es in der DDR gab. Diese DDR war für ihn nicht die Fortsetzung des Gorodomlia-Daseins, wie er ausdrücklich hervorhebt.

Erstaunlich stabil hat Werner Albring die vielen Brüche und politischen Wechsel der vergangenen Jahrzehnte überstanden: 1933 das Ende der Weimarer Republik, 1939 den Beginn des Zweiten Weltkriegs, den Zusammenbruch der Nazidiktatur 1945 und etwa viereinhalb Jahrzehnte später das Scheitern des SED-Regimes und das Ende der DDR.

Seine Herkunft – er wurde 1914 in Schwelm in Westfalen geboren – dürfte ihm geholfen haben, selbst unter schwierigsten Bedingungen zurechtzukommen. Werner Albring, der Wissenschaftler, der zugleich malt und schreibt, hat neben seinen vielen wissenschaftlichen Abhandlungen mit »Gorodomlia« ein wichtiges Buch für die Allgemeinheit verfaßt.

Hermann Vinke
Berlin, im Juni 1991

»Wir nannten uns ›Friedensgefangene‹«

Interview mit Werner Albring über seine Beteiligung an der sowjetischen Raketenforschung, Dresden, im Dezember 1990

VINKE Am Anfang unseres Gesprächs möchte ich Sie fragen, wann das Manuskript »Gorodomlia« entstanden ist.

ALBRING Ich habe damit im Jahre 1957 begonnen, als der erste Sputnik flog. Da fühlte ich mich veranlaßt, meine Eindrücke niederzuschreiben; sie unterschieden sich stark von dem, was damals die Medien veröffentlichten. In Abständen habe ich dann an dem Manuskript weitergearbeitet und es erst 1988 abgeschlossen, als Freunde und Bekannte mich drängten, wissenschaftliche Ambitionen auf dem Gebiet der Strömungsmechanik zurückzustellen und meine Erinnerungen abzuschließen.

VINKE Hat der Sputnik also gewissermaßen das Schreiben ausgelöst?

ALBRING Ja, bestimmt; der Sputnikflug faszinierte ja damals die ganze Welt und erinnerte gleichzeitig an die Tätigkeit unseres Kollektivs in der Sowjetunion. 1957 herrschte noch der kalte Krieg. Deswegen wollte man den Russen eine solche Leistung nicht zutrauen und behauptete, Deutsche hätten das Projekt im wesentlichen realisiert. So schrieb damals die westliche Presse. Im Osten, in der damaligen DDR, lief die Berichterstattung ganz anders. Dort sagte man, es sei eine Beleidigung der Sowjetunion, zu behaupten, Deutsche hätten an dem Sputnikunternehmen mitgewirkt. Das waren Übertreibungen nach verschiedenen Richtungen. In meinem Buch habe ich mich dann bemüht, vom Standpunkt dessen, der diese Zeit unmittelbar miterlebt hat, zu erzählen.

VINKE War das zum Teil auch Ihr Sputnik, der da in eine Erdumlaufbahn geschossen wurde?

ALBRING Nein, wir als Kollektiv waren an der Entwicklung und Konstruktion von Trägerraketen beteiligt. Mit dem Sputnik selbst hatten wir nichts zu tun.

VINKE Ich meinte die Trägerrakete. Waren Sie damals stolz auf diese Leistung, die die Sowjetunion fast über Nacht an die erste Stelle in der Weltraumfahrt rückte?

ALBRING Ja, in dem Sinne, wie es jeder Ingenieursgruppe geht, die zur Realisierung von etwas ganz Neuem beigetragen hat. Als der Sputnik seine Kreise zog, besuchte uns in Dresden ein Kollege aus der Sowjetunion, Professor Pobjedonoßzew. Pobjedonoßzew war Spezialist für Ballistik an der Universität Moskau. Während des Krieges gehörte er der Roten Armee als Oberst an. Aus Anlaß des Sputnikstarts gab Pobjedonoßzew eine Vortragsreihe in den sozialistischen Ländern, eben auch in der DDR. Ich leitete nach seinem Vortrag in Dresden die Diskussion. Pobjedonoßzew freute sich, mich nach fünf Jahren wiederzusehen. »Hätten Sie das gedacht«, fragte er mich, »was eines Tages aus unserer gemeinsamen Arbeit werden würde?« »Nun ja«, erwiderte ich, »bei uns ist es nicht opportun, davon zu sprechen, daß Deutsche an der Entwicklung der Trägerrakete beteiligt waren.«

VINKE Sie sagten Deutsche, und gemeint waren Deutsche aus der DDR, die mit der Sowjetunion verbündet war. Gleichzeitig waren Raketenforscher wie Wernher von Braun in den Vereinigten Staaten tätig. Hatten Sie davon genauere Kenntnis?

ALBRING Daß Wernher von Braun in den USA war, das war uns natürlich bekannt. Der Leiter unseres Kollektivs war früher Assistent bei Wernher von Braun und bei uns einer der wenigen, die direkte Erfahrungen über Peenemünde mitbrachten. Das war der Diplomingenieur Helmut Gröttrup, ein sympathischer Mann, ein fähiger Organisator und phantasiereicher Ingenieur.

VINKE Noch einmal zu dem Anteil, den Sie und das Kollektiv an der Trägerrakete hatten. Wie groß war dieser Anteil?

ALBRING Um das zu beantworten, muß ich einige technische Informationen vorausschicken: Die größte Rakete, an der das deutsche Kollektiv auf der Insel Gorodomlia arbeitete, hatte 40 Tonnen Startmasse. Die eigentliche Trägerrakete, die den Sputnik in die Erdumlaufbahn schleuderte, hatte mehr als das Sechsfache an Startmasse. Unser Kollektiv hatte die Entwicklungsarbeiten schon um das Jahr 1950 eingestellt. Bis 1957 haben die sowjetischen Wissenschaftler intensiv weitergeforscht – ohne Kontakt mit uns. Sie besaßen unsere Entwürfe; was sie im einzelnen damit machten, ist mir nicht bekannt. Was ich also sagen will: Die eigentliche Trägerrakete des Sputniks ist eine sowjetische Entwicklung gewesen. Natürlich war das deutsche Kollektiv für das sowjetische Vorhaben eine Stütze und eine Hilfe – unser Kollektiv mit seinen außerordentlich guten Fachkräften auf dem Gebiet der Konstruktion, der Ballistik, der Steuerungstechnik und der Funkpeilung. Wir hatten Leute, die in vorderster Reihe der Wissenschaftler und Ingenieure standen.

VINKE Ist es richtig zu sagen: Es gibt einen Weg von Peenemünde nicht nur zu den amerikanischen Raketen wie Nike-Zeus, Minuteman und Trident, sondern auch zu den Trägerraketen, die die ersten Sputniks befördert haben?

ALBRING Ja, gewiß, eins beeinflußt das andere. Man darf aber auch nicht übersehen, daß die Sowjetunion auch eine eigene unabhängige Raketenforschung vorangetrieben hat – beginnend mit dem großen Enthusiasten der Raketentechnik, Zialkowski. Im Zweiten Weltkrieg verfügte die Rote Armee über Pulverraketen. Die großen Flüssiggasraketen sind zweifellos zunächst nur in Peenemünde erdacht und entwickelt worden, wobei sich die Entwicklung in zwei Ströme teilte: Der eine ging mit Wernher von Braun in die USA, der andere mit Helmut Gröttrup und unserem Kollektiv in die Sowjetunion.

VINKE Beim Lesen Ihres Manuskripts hatte ich den Eindruck, daß Sie, die Wissenschaftler und Techniker, auf der Insel im Seligersee wie Kriegsgefangene gelebt haben, zwar gut behandelt – Sie hatten einen gewissen Lebensstandard –, aber Ihr Bewegungsspielraum war eindeutig begrenzt.

ALBRING Wir nannten uns »prisoners of peace«, »Friedensgefangene«, nicht »prisoners of war«, wie Sie meinen. Die Insel Gorodomlia war eingezäunt. Wir durften das Gebiet nicht verlassen. Das brachte viele persönliche Probleme mit sich. Auf der anderen Seite waren manche von uns einsichtig genug, zu sagen: Wenn wir hier dienstverpflichtet sind und an einem militärischen Gerät arbeiten sollen, dann ist es verständlich, daß das unter Abschirmung und Geheimhaltung geschieht.

VINKE Welches Verhältnis hatten Sie damals zur Sowjetunion? Mich interessiert, mit welchen Überlegungen Sie damals den Auftrag angenommen haben, für sowjetische Stellen in der damaligen sowjetischen Besatzungszone (SBZ) zu arbeiten. Sie hatten ja auch die Möglichkeit, diesen Auftrag abzulehnen.

ALBRING Nicht sowjetische Stellen haben mich geworben, sondern zwei deutsche Kollegen, mit denen ich während des Krieges zusammengearbeitet hatte. Zwischen uns gab es eine Absprache, nach Möglichkeit auch nach dem Kriege zusammenzubleiben. Es handelte sich um zwei etwa gleichaltrige damalige Assistenten von der Universität Göttingen. Sie machten mir 1946 den Vorschlag, in der SBZ eine gemeinsame wissenschaftliche Arbeit aufzunehmen. Damals war noch überhaupt keine Rede davon, daß diese Arbeit eines

Tages in der Sowjetunion stattfinden würde; im Gegenteil, in unseren Verträgen stand, im Fall einer Verlagerung der Arbeitsstätte hätten wir das Recht, vom Vertrag zurückzutreten.

Ursprünglich hatte es auch Überlegungen gegeben, sich dem Team von Wernher von Braun anzuschließen. Das hätte jedoch einen Wechsel in ein anderes Land bedeutet, also in die USA. Das sowjetische Angebot dagegen bezog sich auf die SBZ, und zwar auf den Ort Bleicherode, wo Herr Gröttrup ein Institut einrichtete.

VINKE Wie haben Sie auf die plötzliche Verlegung von Bleicherode in die Sowjetunion reagiert?

ALBRING Das ging tatsächlich sehr schnell, und zwar im Zuge einer militärischen Aktion, von der wir am Vortage noch keine Ahnung hatten. Wir saßen von einem Tag auf den anderen in einem Transportzug, der uns in drei Wochen ans Ziel brachte – unmittelbar nach dem Krieg funktionierte der Eisenbahnverkehr noch nicht gut. Unser Zug in die Sowjetunion war keineswegs der einzige; auch andere deutsche Großbetriebe wurden quasi über Nacht verlegt, z. B. Zeiss-Jena.

Unsere Reaktion? Nun ja, nach dem ersten Erschrecken sagten wir uns: Damit müssen wir uns wohl abfinden. Die Situation war damals auch so: Wir waren junge Leute, und wenn die sowjetische Seite uns vorgeschlagen hätte, auf Zeit in ihrem Land zu arbeiten, wären wahrscheinlich viele darauf eingegangen.

VINKE Sie haben die Verschickung also nicht als Zwang empfunden?

ALBRING Es wäre kein Zwang gewesen, wenn man mich gefragt, und ich zugestimmt hätte. Da dies nicht geschah und ich mich eines Tages in einem Zug befand, der unter militärischer Bewachung stand, gibt es für die Verschickung keine andere Bezeichnung als Zwang.

VINKE Hat damals die Tatsache, daß es sich bei der Sowjetunion um eine kommunistische Großmacht handelte, eine Rolle gespielt? Hat Sie das abgeschreckt? Hat es Sie überhaupt beschäftigt?

ALBRING Nach dem Krieg rechneten nicht wenige deutsche Ingenieure schon damit, irgendwo im Ausland zu arbeiten. Etwa zur gleichen Zeit, als die Göttinger Kollegen mich aufforderten, mit nach Bleicherode zu gehen, erhielt ich von einer Gruppe französischer Strömungsmechaniker ebenfalls ein Angebot. Diese Spezialisten sammelten deutsche Fachleute am Bodensee zur späteren Arbeit in Frankreich. Mein Doktorvater, Professor Paul Ruden, gehörte dieser Mannschaft an. Dieses Team beteiligte sich später an der Entwicklung des Flugzeuges Caravelle.

Also, solche Überlegungen beschäftigten uns. Was die Sowjetunion angeht, so wirkte zweifelsohne noch die nationalsozialistische Propaganda nach. Das Naziregime hatte das sowjetische System am meisten verteufelt. Unabhängig von der staatlichen NS-Propaganda wußten wir von den Schauprozessen unter Stalin in den dreißiger Jahren. Uns war klar, daß ein Ingenieur in der UdSSR nicht risikolos arbeitet. In diesem Land vor Gericht zu kommen, das konnte schlimm enden.

VINKE Als Sie dann auf der Insel im Seligersee forschten und experimentierten, gab es da auch Möglichkeiten zur politischen Diskussion?

ALBRING Die Möglichkeiten bestanden schon, niemand hat uns an einem politischen Gespräch gehindert. Wir besaßen ja auch Rundfunkgeräte. Wir hörten westliche Sender, auch deutsche. Andererseits waren wir von jeder Anteilnahme an Politik so weit entfernt, daß unser Interesse sich in Grenzen hielt. Unsere Mannschaft lebte völlig isoliert.

Es gab allerdings einmal einen Vorstoß, einen politischen Debattierclub zu gründen. Die Idee stammte von dem Leiter unseres Kollektivs, Diplomingenieur Gröttrup, von dem ich schon sprach. Als wir dabei waren, für den neuen Club zu werben, kam von seiten der sowjetischen Inselverwaltung das Verbot. Die Leitung erkundigte sich, was wir denn diskutieren wollten. Wir erwiderten, wir wollten über den Marxismus sprechen. Die Antwort der Inselverwaltung war bezeichnend: Marxismus könne man doch nicht diskutieren, erklärte sie; die Richtigkeit der Mathematik werde ja auch nicht zur Diskussion gestellt. Der Marxismus war so etwas wie die Staatsreligion, und es wurde nicht gern gesehen, daß man sich damit diskutierend auseinandersetzte.

Vielleicht möchten Sie auch wissen, ob die Russen uns politisch beeinflußt haben. Auf dem Gebiet waren sie sehr zurückhaltend. Es wurde lediglich erwartet, daß wir uns an den großen sozialistischen Feiertagen, also am 1. Mai und am Tag der Oktoberrevolution, am Schmücken der Gebäude beteiligten. Erst kurz vor unserer Abreise wurde uns ein politischer Grundkurs verordnet. Die russischen Ingenieure, die deutsch sprachen, hielten Politvorlesungen auf der Grundlage eines Buches, dessen Autor Josef Stalin war; es handelte sich um den sogenannten Kratki-Kurs, den kurzen Abriß der Geschichte der Kommunistischen Partei der Sowjetunion.

VINKE Bei manchen Deutschen, die einige Jahre lang in der Sowjetunion gelebt haben, stellt sich manchmal so etwas wie Rußland-Schwärmerei ein, also eine fast ins Sentimentale gehende Einstellung gegenüber Land und Leuten, gegenüber dieser ungeheuer großen und weiten Sowjetunion, die sehr schön sein muß in ihrer Herbheit. Wie war das bei Ihnen?

ALBRING Wir lebten in einer wunderschönen, weitgehend unberührten Umgebung. Die Insel Gorodomlia war stark bewaldet. Die Bäume – Fichten und Kiefern – waren vielleicht hundert Jahre alt. Dieser große einsame See um uns herum, in einer Landschaft fernab der Industrie – das war gewiß ein sehr starkes Erlebnis, so eng mit der Natur verbunden zu sein.

Der russische Mensch – ich war manchmal überrascht, wieviel ich als Mitteleuropäer von russischer Mentalität und Lebensgewohnheit schon kannte. Als ich z. B. während der langen Fahrt zu unserem Bestimmungsort auf den Bahnhöfen russische Bäuerinnen und Bauern sah oder die altertümlichen Züge, meinte ich, solche Bilder schon irgendwie zu kennen, und ich erinnerte mich an Schilderungen von Dostojewski und Tolstoi, die mich innerlich auf dieses Land vorbereitet hatten.

Ich fand in Rußland eine Eigenschaft, die schon die französischen Revolutionäre auf ihren Fahnen hatten: neben Liberté und Egalité war es dort Fraternité, die Brüderlichkeit, das gute Verhältnis von Mensch zu Mensch, wenn es nicht gerade gestört wurde durch hierarchische Eingriffe.

Ich denke, es gibt in der Geschichte zwischen den Deutschen und Russen noch etwas nachzuholen. Nie ist es bislang zu einem wirklichen kulturellen Austausch gekommen. Natürlich kennen wir große kulturelle Leistungen Rußlands und der Sowjetunion auf dem Gebiet der Musik, der Literatur, aber ein lebendiger Austausch hinüber und herüber fehlt bislang. Als Bismarck Gesandter am Hof in Petersburg war, versah er auch konsularische Aufgaben. Bismarck beschreibt das in seiner Biographie. Viele Deutsche gingen damals nach Rußland. Aber es handelte sich um Auswanderer, die in Rußland geblieben sind, so daß eine Rückmeldung über ihre Erfahrungen nach Deutschland nicht zustande kam.

Gorodomlia

Ostaschkow, Postfach Nummer 1
Oder: Meine Motivation zum Erzählen

Man schrieb das Jahr 1952, als zur Sommerzeit lange Eisenbahnzüge Gruppen deutscher Spezialisten mit Familien und allem Umzugsgut aus der Sowjetunion zurück ins deutsche Land brachten. Fast sechs Jahre lang hatten diese Menschen, abgeschieden von aller Welt, auf einer ganz kleinen Insel im Seligersee gelebt. Der Seligersee liegt im dünn besiedelten Land, nicht weit von der Wolga-Quelle, auf halbem Wege zwischen den großen Städten Leningrad und Moskau.

Also fast sechs Jahre hatte die Zeit gewährt, während der die Spezialisten – es waren Handwerker, Schlosser und Elektriker, Mathematiker, Physiker und Ingenieure gewesen – auf der Insel im grauen flachdachigen Institutsgebäude gewirkt oder an Prüfständen und in Werkstätten gearbeitet hatten. Sie hatten auf der Insel in kleinen Reihenhäusern gewohnt. Einhundertfünfzig Spezialisten, zählt man die Angehörigen dazu, so wird es fast ein halbes tausend Menschen.

Damals, in der frühen Zeit nach dem Zweiten Weltkrieg, gab es noch keine die ganze Erde umfliegenden künstlichen Satelliten, von denen aus jede Einzelheit auf jedem Platz der Erdoberfläche gestochen scharf hätte fotografiert und zur Erde zurückgefunkt werden können.

Aber bedenken wir einmal, was der Beschauer auf Fotografien der Insel entdeckt haben würde, wäre solches Beobachten schon damals möglich gewesen: Man sähe die kleine Insel, bedeckt von dichten Wäldern hoher Kiefern, ein winziges Dorf umschließend. Man zählt kaum ein Dutzend brauner, zweistöckiger Holzhäuser, wenige weißgekalkte Steinhäuser. Man sieht ein Verwaltungshaus, ein kleines

Restaurant, eine Schule, eine Poliklinik. Aber der Späher könnte auch Hinweise auf technische Arbeiten entdecken. Einen schlanken verspannten Mast mit Parabol-Antennen, Batterien großer Druckbehälter, und am Ufer des Binnensees steht die Elektrostation. Anfänglich lieferte eine holzgefeuerte alte Lokomobile den elektrischen Strom, später tat das ein Dieselmotor.

Südlich der Insel, jenseits des großen Sees, liegt auf dem Festland die Kreisstadt Ostaschkow. Alle Tage fährt aus dem Hafen ein kleiner Dampfer, dichte Wolken dunklen Dampfes ausstoßend, herüber zur Insel und wieder zurück. Im Winter hat strenger und andauernder Frost alles Wasser der Seen zu riesigen Eisplatten erstarren lassen. Bald fällt Schnee. Und über den Eisgrund haben schwere Lastautos, die zwischen der Insel und Ostaschkow verkehren, tiefe Spuren in den Schnee gefurcht und schließlich zu einer breiten Fahrstraße gewalzt.

Eine andere Einstellung, die auch kleine Objekte hervorheben würde, ließe im Sommer spielende Kinder zwischen den blumenreichen Gärten vor den Wohnhäusern entdekken. Hinter den Häusern Schuppen, in denen zur Vorbereitung auf den Winter viel Brennholz gestapelt liegt. Hier und dort zersägen zur Feierabendzeit Mann und Frau mit großer Schrotsäge lange Baumstämme und spalten sie mit dem Beil zu handlichen Scheiten.

Im Sommer wird am schilfbewachsenen weißsandigen Südstrand der Insel gebadet. Am Dorfrand liegen Tennisplätze. Die Spieler sind tadellos weiß gekleidet, und viele Zuschauer sitzen auf Bänken um das rostbraune Spielfeld mit seinen weißen Markierungslinien.

Oder wieder Fotografien aus der Winterzeit: Das Dorf tief verschneit; mit Wattejacken und Filzstiefeln vermummte Menschen stapfen über die engen Wege. Außerhalb des Dorfes lange Skispuren, sie führen zu einem waldfreien Hang, er ist als Übungshügel der Skifahrer zerkratzt und glattgeeist. Durch steile Waldschneisen sausen Skiläufer herunter zum Binnensee. Drinnen im Dorf bauen die Kinder Schneemänner. Und in der frühen Dunkelheit der letzten Dezembertage leuchtet aus vielen Fenstern warm das Kerzenlicht an den Tannenbäumen.

Der Bildbetrachter würde nach flüchtigem Hinsehen schließen: Ein ganz normales, wenn auch sehr kleines Dorf. Doch würden bei sorgfältigem Auswerten die Fotos auch erkennen lassen, daß die ganze Insel mit Stacheldraht umzäunt ist. Und längs des Zauns patrouillieren Posten mit umgehängtem Gewehr. Aber damals im ersten Jahrzehnt nach dem Zweiten Weltkrieg hatte es noch keine künstlichen Satelliten gegeben, von denen aus die Insel hätte fotografiert werden können. Damals reichte der immense Abstand von den dichten Siedlungsgebieten, reichte die Absperrung völlig aus, um Arbeitsinhalt und Ergebnisse der dort Schaffenden gegenüber der Außenwelt geheimzuhalten. Zwar gab es eine Postverbindung zwischen der Insel und dem fernen Heimatland. Aber alles Schreiben unterlag strengster Zensur. Viel Zeit verging, bis Briefe und Pakete den Empfänger erreichten. Es dauerte länger als die Fahrzeiten, die pferdebespannte Postkutschen noch zu Anfang des vorigen Jahrhunderts zum Durchfahren der Strecke gebraucht haben würden.

Im stets mißtrauischen westlichen Ausland glaubte man, aus der personellen Zusammensetzung der Spezialistengruppe auf den Arbeitsinhalt schließen zu können. Phantasiebegabte Journalisten spekulierten. Die Mannheimer Zeitung »Der Morgen« übernahm am 19. Juli 1950 einen Artikel aus der New Yorker Staatszeitung. Darin stand zu lesen, daß seit 1946 deutsche Spezialisten in Ostaschkow am Seligersee arbeiteten, und zwar an der Entwicklung von großen, sehr leistungsfähigen Fernraketen. Vom Arbeitsort auf der

Insel wußte man noch nicht. Die deutschen Spezialisten durften in ihren Briefen nichts von der Insel erwähnen, als Absenderadresse nur schreiben: Ostaschkow, Postfach Nummer 1.

Als dann im Jahre 1957 erstmals ein künstlicher Satellit, der sowjetische »Sputnik«, die Erde umkreiste, da brandete eine Flut von Zeitungsartikeln und Buchveröffentlichungen im westlichen Ausland los, in denen ein enger Zusammenhang zur Arbeit der deutschen Insel-Spezialisten mit dem Sputnik-Flug postuliert wurde. Aber vieles blieb reichlich spekulativ. Damals erwachte in mir die Lust, als einer der frühesten Insel-Spezialisten meine eigenen Erlebnisse zu erzählen. Meine Schrift könnte so etwas wie Archivmaterial werden, als Beitrag zu einer Dokumentation über die Arbeits- und Lebensumstände einer langen Jahre isoliert gehaltenen Menschengruppe.

Ich denke, daß sowohl das technisch-wissenschaftliche Zusammenwirken als auch die vielen persönlichen Probleme uns, die wir es miterlebten, einen ganz ungewöhnlichen Erfahrungsschatz beschert hatten, den man fixieren und nicht vergessen sollte. Um objektives Berichten werde ich mich bemühen, soweit das überhaupt möglich ist. Denn der Mensch mit seinen Sorgen und Leiden, mit Freuden und Erfolgen, mit Rückschlägen und Nöten, kann nicht wie ein auf absolutes Maß geeichtes Meßinstrument reagieren. Und alles angestaute Erleben aus sechs Jahren könnte, als Niederschrift reproduziert, viele, viele Bücher füllen. Schon im Beschränken des Berichtens auf wenige mir wichtig scheinende Leitlinien liegt etwas sehr Subjektives. Ich möchte auch viel von der technisch-wissenschaftlichen Arbeit sprechen. Aber heute ist es noch ganz ungewöhnlich, technisches Fachwissen in einem Buch auszubreiten, das den Leser nur in freundlicher Weise unterhalten soll. Ich bitte also, sich vom Ankündigen meiner Absicht, über technische Einzelheiten zu schreiben, nicht erschrecken zu lassen. Der Leser braucht der technischen Spezialisierung nur die gleiche Toleranz zu gewähren, mit der er üblicherweise auch über musikalisches Fachwissen in Werken der schöngeistigen Literatur liest.

Thomas Mann schreibt sehr ausführlich über Musiktheorie in seinem Roman »Doktor Faustus«. Zwar genießt jeder Berufsliterat, jeder professionelle Schriftsteller, den Vorteil, daß die Leserschar seine Ausdrucksweise höher bewertet als den fachlichen Inhalt. Und deshalb habe ich selbst, als Nichtschriftsteller, bei meinem Unterfangen die große Kühnheit, zu erwarten, daß der Leser bereit sein wird, meinem ungeübten Bemühen Nachsicht zuzubilligen. Ich verspreche, daß dieses Buch kein Lehrbuch des Raketenbaus oder der Aerodynamik solcher Flugkörper werden soll. Ich verspreche auch, den ganzen technischen Betriebsslang, mit dem sich Ingenieure verständigen, ebenso zu vermeiden wie Worte aus der speziellen Fachsprache von Mathematikern und Physikern; ich werde alle Benennungen aus der natürlichen Umgangssprache wählen.

Wir geben uns nur selten Rechenschaft, welch großer Teil vergangenen Erlebens vergessen wird. Diese Eigenschaft des Erinnerungsvermögens zeigt sich auch beim zweiten Lesen eines Buches, wenn seit dem früheren Lesen einige Jahre vergangen sind. Mir selbst waren dann nur diejenigen Teile gegenwärtig geblieben, die damals an eigene Gedanken und Erlebnisse angeklungen waren. Ähnlich erging es mir mit dem zweiten Ansehen eines Filmes oder eines Schauspiels und mit dem zweiten Anhören einer Oper, wenn seit der ersten Bekanntschaft Jahre verflossen waren. Ich fand nur ganz wenige Erinnerungspunkte wieder. Alles andere schien mir ganz neu. Fast möchte ich glauben, wenn jemand die Gelegenheit bekäme, nicht sehr bewegende Szenen der eigenen Vergangenheit zum zweiten Mal zu erleben, er würde gar nicht merken, daß es eine Wiederholung wäre. Da ist es schon gut, um dem Vergessen entgegenzuwirken, daß man sich über wichtige Episoden Notizen macht. Die Inselbewohner schrieben viele Briefe an Freunde und Verwandte in die Heimat, beschrieben ihre Erlebnisse, fügten Fotografien hinzu.

Aber wir vergessen nicht nur eigene Erlebnisse, sondern wir vergessen auch vieles an Vorhersagen, die wir gewagt hatten. Angefangen vom Wetter des folgenden Tages, vom Charakter des kommenden Winters oder Sommers bis zur Prognose über Erfolg oder Mißerfolg eines Unternehmens. Allzuschnell ist die eigene Aussage aus der Erinnerung verschwunden, besonders dann, wenn sich die Fakten anders entwickelt haben. Da hat das geschriebene Wort in einem Tagebuch schon längeren Bestand. Der Schreiber wird, wenn er Vermutungen über Zukünftiges niedergeschrieben hat und beim späteren Nachlesen bemerkt, daß sich die Dinge ganz anders entwickelt haben, daraus die Lehre ziehen, künftig vorsichtiger, bedächtiger und zurückhaltender zu urteilen.

Eine weltbewegende Nachricht

Es war im Jahre 1957 gewesen, an einem warmen sonnigen Oktobertag. Ich sitze an festlicher Tafel zusammen mit allen Kollegen des Lehrstuhls für »Angewandte Strömungslehre« der Technischen Hochschule in Dresden. Die Handwerker, die Assistenten, die Zeichnerinnen, die Sekretärin, alle in Feiertagskleidern. Zum ersten Mal wurde einem Mitarbeiter des 1952 neu eingerichteten Lehrstuhls im Anschluß an die Gutachten über seine Dissertation und nach Bestehen der mündlichen Prüfung der Doktorgrad von der Fakultät für Maschinenwesen verliehen. Es ist der junge, blonde und schlanke, sehr aktive Oberassistent Ruprecht Vogel.

Damals, als es noch wenige Doktorprüfungen an der Technischen Hochschule gab, da bemühten sich die verschiedenen Lehrstuhlgruppen, das Ereignis auch humorvoll in der Öffentlichkeit kundzutun. Die Chemiker hatten zum Festzug durch das Hochschulgelände und die angrenzenden Straßen ihren Doktoranden auf einen Esel gesetzt. Die Arbeitskollegen marschierten in weißen Labormänteln hinterher, Handtücher waren zur arabischen Kopfbedeckung gewunden, man mimte Alchimisten.

Die Kraftfahrzeugtechniker veranstalteten einen besonderen Jux. Sie mobilisierten ein altes Einzylinderautomobil aus dem vorigen Jahrhundert. Es sah aus wie ein kleiner offener Kutschwagen ohne Pferd und Deichsel. Sein Einzylindermotor tuckerte langsam, der Doktorand steuerte, die Festgemeinde folgte. Jeder der Männer trug einen schwarzen Zylinderhut auf dem Kopf. Diese Zylinderhüte gab es damals noch als Erbstücke aus der vorigen Generation, die solche Kopfbedeckung zu Hochzeiten und Beerdigungen trug.

Bei unserem Lehrstuhl hatte die sehr tüchtige, junge, hübsche und schwungvolle Sekretärin etwas ganz Besonderes für den Festzug vorbereitet. Einige Tage zuvor forderte sich mich auf, ein Porträt des Doktoranden mit Pinsel und schwarzer Tusche »leicht karikierend«, so wünsche sie es, auf großen weißen Karton zu zeichnen. Das Bild sollte vom jüngsten Schlosser dem Festzug vorangetragen werden. Alle übrigen Vorbereitungen blieben ihr Geheimnis, sie verriet nichts. Als die Kommission und der neu promovierte Oberassistent nach der Prüfung das Sitzungszimmer verließen, da standen auf dem weiten Flur alle Mitarbeiter des Lehrstuhls. Dem neuen Doktor gratulierte man mit vielen Blumen, hängte ihm einen vielgezackten Ordensstern um und setzte ihm einen großen schwarzen, sehr spitzen Doktorhut auf den Kopf. Der humorvolle Teil hatte begonnen. Der Festzug wurde formiert. Man schritt die breiten Steintreppen hinab zur sonnigen, parkartigen Hofseite des Gebäudes. Hoch von der Treppe aus sah ich durch die Scheiben der großen Tür draußen im hellen Licht etwas riesengroßes Graues stehen. Aber erst auf dem Hof erkannten alle den dort wartenden Elefanten, geführt von einem braunhäutigen, turbantragenden Inder. Die Sekretärin hatte das Duo vom Zirkus ausgeliehen.

Der Doktorand mußte aufsteigen und auf dem Elefanten reiten. Während des Weges über die George-Bär-Straße, den Fritz-Förster-Platz und die Einstein-Straße verknipsten begeisterte Teilnehmer ganze Fotofilme. Endpunkt war das Haus der Professoren, ein kleines Restaurant, in dem der jüngste Doktor zu einem Frühstück eingeladen hatte. Nun sitzen wir gelöst und entspannt in froher Runde. Anerkennende Tischreden sind schon gesprochen worden. Ich schlage vor, daß einer unserer Assistenten, der Diplomingenieur Horst Ihlenfeld soll es machen, einen Bericht über den ungewöhnlichen Festzug für die Dresdner Tageszeitung verfaßt, illustriert mit den neuen Fotos. Eine markante Überschrift muß gefunden werden. Das Ergebnis übermütiger Gemeinschaftsarbeit heißt: Elephantastisches bei der Technischen Hochschule.

Da kommt einer der Assistenten herein und berichtet eine Neuigkeit: »Soeben ist ein künstlicher Mond auf eine Erdumlaufbahn geschossen worden.«

Ich frage: »Von den Amerikanern oder von den Russen?«

Diese Frage war naheliegend. Man hatte 1957 als internationales geodätisches Jahr weltweiter Forschung verabredet. Die US-Amerikaner hatten angekündigt, sie würden zur Erdbeobachtung einen künstlichen Satelliten starten. Sie hatten über den Stand ihrer Vorbereitungen eine Ausstellung organisiert, die ich in der westdeutschen Stadt Hannover besuchte. Die Russen aber hatten bis heute geschwiegen. Ihr Satellit wurde bald von allen Menschen als der Sputnik bezeichnet. Von diesem Tage ab konnte man viel über das Ereignis in den Zeitungen lesen. Die US-Amerikaner bemühten sich, schnell nachzuziehen. Hatten aber Pech mit sehr vielen Fehlstarts. Und im Volksmund wurde der erwartete, aber nicht kommende amerikanische Satellit spottend als der »Spätnik« benannt nach dem Satz: Spät kommt er, doch er kommt, während das russische Wort Sputnik, das in der Übersetzung Satellit oder Trabant bedeutet, im Deutschen zur Gedankenassoziation mit sich sputen, sich beeilen führt.

Ich hatte mich in den fünf Jahren seit Rückkehr aus der Sowjetunion ganz von den damaligen technischen Aufgaben getrennt. Ich hielt an der Dresdner Technischen Hochschule Vorlesungen, anfangs über Wasserturbinen, später über Strömungsmechanik. Ich hatte ein kleines Laboratorium mit Prüfständen für Wasserturbinen und Strahlpumpen, mit kleinen Wind- und Wasserkanälen eingerichtet.

Nun aber, nach dem Sputnik-Start, wollte ich meine Erinnerungen an die Inselzeit wieder beleben und niederschreiben.

Ich suchte die damaligen Tagebücher hervor. Sie enthielten aber nur philosophierende Gedanken, Betrachtungen über die Kunst, besonders über das Theaterspielen und über Gespräche mit Freunden. Ich hatte keine Notizen über technische Probleme niedergeschrieben. Alles Technische mußte ich nach dem Gedächtnis rekonstruieren. Aber die Gedanken, einmal angeregt, reproduzierten mir doch sehr viel, nicht nur von der technischen Substanz, sondern vom Leben in der damaligen Gemeinschaft.

Ich weiß, daß mein Erinnerungsvermögen bereitwillig freundliche Erlebnisse gespeichert hält und sie bei Abruf freisetzt. Alles Ärgerliche wird schnell vergessen. Deshalb wird in meinem Buch manches Zurückliegende als freundliche, besonnte Vergangenheit erscheinen. Die Erinnerungen gelten häufig dem Kreis von Freunden und Bekannten. Darin spiegelt sich der von mir wahrgenommene Ablauf. Wenn ich von den im Kollektiv beschäftigten einhundertundfünfzig Deutschen kaum drei Dutzend Menschen namentlich vorstellen werde, dann umfaßt das den Kreis derjenigen, mit denen ich dienstlich zusammenarbeitete. Er überdeckte zum Teil auch den Freundes- und Bekanntenkreis. Ein anderes Kollektivmitglied als Erzähler würde andere Personen nennen.

Unser Kollektiv war groß genug, um es jedem seiner Mitglieder zu ermöglichen, mit ihm sympathisch Erscheinenden gesellige und freundschaftliche Kontakte zu pflegen. Diesen Vorteil bieten große Menschenansammlungen. In sehr kleinen, isoliert lebenden Menschengruppen kommt es vor, daß nicht miteinander harmonierende Menschen zusammengewürfelt werden. Das kann ernsthafte psychische Probleme auslösen. In größerer Gemeinschaft gehen solche Menschen einander aus dem Wege.

Der Wechsel in die sowjetische Besatzungszone

Es ist März im Jahre 1946. Eine englische Militär-Regierung beherrscht das nordwestdeutsche Land. Nun schon fast seit einem Jahr nach dem Ende des Zweiten Weltkriegs. Eine zentrale deutsche Regierung gibt es nicht. Die Deutschen sollen erst einmal lernen, eine Demokratie von unten her aufzubauen, dozieren die Besatzer in Zeitungen und im Rundfunk. So gibt es bei uns im Harzgebirge im kleinen Städtchen Wildemann einen deutschen Bürgermeister und in Clausta1, der Kreisstadt, einen deutschen Landrat.

Ein harter erster Nachkriegswinter ist zu Ende gegangen. Ab Februar hat die englische Besatzungsmacht die täglichen Lebensmittelrationen auf tausend Kalorien herabgesetzt. Das ist die Hälfte dessen, was die Mediziner den Normalverbrauch nennen. Der Harz, dieses Mittelgebirge, in dem wir wohnen, ist immer ein landwirtschaftlich armes Land geblieben. Wir konnten den Winter nur vorbereiten durch Sammeln von Früchten, die der Wald im steinigen Gebirge bietet. Das sind Pilze, das sind Himbeeren.

Gertrud hat viele, sehr viele Einweckgläser mit Beeren und auch Konservendosen mit Pilzen eingekocht. Mittags wird in dörflicher Gemeinschaftsverpflegung in den Räumen einer Schule gegessen. Aus großem Kessel wird die einfache, fettfrei gekochte Suppe geschöpft, werden Kartoffeln und Gemüse auf die Teller der in Reihe Anstehenden gefüllt. Fleisch gibt es nicht. Vom Gebotenen muß man viel essen, um nicht dauernd Hunger zu haben. »Ich werde noch an Magenerweiterung und Unterernährung sterben«, witzelte ein Kollege.

Wildemann liegt an der Eisenbahnstrecke zwischen Clausthal und Goslar. Das kleine Flüßchen Innerste begleitet die Bahnlinie durch das tiefe Tal. Dort, wo der Grundbach, der durch das Spiegeltal fließt, in die Innerste mündet, dort liegt unser verträumtes Städtchen. Die finsteren Tannenwälder sind bis knapp unter die Gipfel der Berge zurückgedrängt, sie begrenzen die aus dem Städtchen steil ansteigenden weiten Wiesen. Um den Kirchturm scharen sich die kleinen Häuser. Deren Wände sind kunstvoll mit dunklem Holz verschalt zum Schutz gegen Schnee und Kälte der langen Winter und gegen den vielen Regen zu allen anderen Jahreszeiten.

Im ehemaligen Erholungsheim einer Zigarrenfabrik und in allen Nebengebäuden hat sich eine Kompanie englischer Soldaten einquartiert. Die Landser tragen khakibraune Uniformröcke und ebensolche Baskenmützen. Auf dem linken Ärmel jeder Uniform ist weiß der Buchstabe Y aufgenäht. Die Offiziere und der Hauptfeldwebel, der Master Sergeant, heben sich heraus aus der Baskenmützen tragenden Masse durch respekteinflößende Schirmmützen. Jeder Offizier schwingt kokett eine Reitpeitsche, als eine Art von Kommandostab.

Immer zeigt sich diese Kompanie sehr geschäftig. Kleine Gruppen von Soldaten exerzieren. Die Lastautos, groß und dunkelgrün gestrichen, und die kleinen offenen Geländewagen, Jeeps heißen sie bei den Soldaten, werden, so scheint es den Vorübergehenden, pausenlos gereinigt und gewartet. Ab und zu sausen schnelle Fahrkolonnen durch die Straßen. An Feiertagen musiziert eine schottische Militärkapelle auf dem Vorplatz des Erholungsheimes. Die Einwohner staunen über Militärmusiker, die mit karierten Röcken gekleidet sind, Röcken, wie sie in Deutschland nur von Frauen getragen werden. Beim Musizieren rhythmisch gut zusammenwirkend mit Trommeln und Pfeifen, marschieren die Soldaten unausgesetzt. Nicht nur vorwärts, sondern auch auf der Stelle tretend und sogar rückwärts schwenkend. Fremd klingt für deutsche Ohren der Dudelsack.

Anfangs hatten alle Soldaten an der deutschen Bevölkerung vorbeisehen müssen. Es galt noch das Fraternisierungsverbot ihres Feldmarschalls. Später wurde den Deutschen erlaubt – Zeitungen und Rundfunk verbreiten das – den Engländern freundlich zuzuwinken.

Alle englischen Soldaten verhielten sich sehr korrekt. Nicht sie, sondern eine amerikanische Einheit war es gewesen, die in den ersten Tagen nach dem Einmarsch unsere Wohnungen ausgeplündert hatte.

Wenn mich später ab und zu kleine Kommissionen uniformierter englischer Ingenieure besuchten, dann begleitete sie stets der Hauptfeldwebel, der Master Sergeant der Garnison. Die englischen Techniker interviewten mich über unsere Arbeiten während des Krieges im hannoverschen Institut für Aerodynamik und Flugtechnik und hier in Wildemann, unserem Verlagerungsort. Sie forderten mich auf, mit der Luftfahrt-Forschungsanstalt in Völkenrode bei Braunschweig zusammenzuarbeiten. Das tat ich auch. Bekam den Auftrag, Ergebnisse unserer Grundlagenforschung niederzuschreiben. Einmal in vierzehn Tagen mußte ich mich in Völkenrode sehen lassen. Ansonsten konnte ich in Wildemann arbeiten. Dieses Völkenrode war eines der Zentren, wo die Besatzungsmacht die arbeitslos gewordenen deutschen Wissenschaftler sammelte. Ich traf dort mit vielen Fachkollegen zusammen. Englischer Gesprächspartner war ein grauhaariger, gut deutsch sprechender älterer Herr, der eine graublaue Uniform ohne Rangabzeichen trug, der Mister Stern. Ich sollte Berichte über die Strömung um Torpedokörper, über die Beanspruchung ihrer Leitwerke, über die Stabilität beim Geradeausfahren und Kreisfahren verfassen.

Wir Deutschen bemerkten schnell, daß alle Arbeit in

Völkenrode den Charakter der Geschäftsabwicklung und des Ausräumens zeigte. Sämtliche Meßeinrichtungen, sogar alle Teile, die von den großen Windkanälen demontiert werden konnten, transportierten englische Soldaten auf ihren Lastwagen fort. In ganz ähnlicher Weise war schon unser kleines Institut in Wildemann ausgeräumt worden. Denn das deutsche staatliche Eigentum war nun Beute des Siegers geworden. Dem britischen Leutnant Brotherton, der mit vielen Lastautos und Soldaten bei unserem Institutsgebäude vorfuhr, konnte ich am ersten Tage noch die Auslieferung verweigern, da er mir keine Vollmacht des englischen Administrators der Technischen Hochschule in Hannover vorweisen konnte. Am nächsten Tage hatte er die Vollmacht, kam wie ein wutschnaubender Stier zurück und packte trotz meiner Erklärungen und meines Protestes zusätzlich auch die ganze geodätische Ausrüstung des Nanga-Parbat-Forschers Finsterwalder mit ein, die gar nicht zum Instrumentarium des Instituts für Aerodynamik und Flugtechnik gehörte. Herr Finsterwalder hatte diese wertvollen Instrumente vor den Bombenangriffen auf Hannover retten wollen und sie bei uns abgestellt.

Als die Engländer abfuhren, waren alle unsere Räume leer. Werkzeugmaschinen, kleine Windkanäle, alle Meßinstrumente hatten sie aufgeladen. Auch die Büroausrüstung, Schreibmaschinen, Apparate zum Fotokopieren, alles war fort. Der zweite Leutnant des Detachements hatte meine Betrübnis bemerkt, mir ermunternd und mitfühlend auf die Schulter geklopft: »Nehmen Sie es nicht zu schwer.«

Die englische Garnison suchte immer wieder nach ehemaligen deutschen Soldaten, die jetzt in ziviler Kleidung herumliefen, die aber noch nicht durch ein englisches Kriegsgefangenen-Lager geschleust worden waren und dort ihre amtlichen Entlassungspapiere bekommen hatten. Ich war nur von September 1939 bis März 1940 deutscher Soldat gewesen, bei der Infanterie in Bothfeld und bei der Luftwaffe in Königsberg (Neumark), war dann offiziell entlassen worden, um fortan als Zivilist in der Forschung zu arbeiten.

Die Entlassungseintragung in meinem Wehrpaß hatten die Engländer bei früheren Kontrollen anerkannt. Bis sich wieder einmal alle Männer zur Überprüfung bei der Garnison auf dem Platz vor dem Erholungsheim vorstellen mußten. Ein Major, an einem kleinen Tisch sitzend, ließ sich die Personalpapiere reichen. Ich legte meinen Wehrpaß vor. Der Major bemängelte, daß die Entlassung nur von einer deutschen Dienststelle und nicht von den Engländern eingestempelt sei. Meine Antwort: »Im Jahre 1940 während des Krieges war es für mich unmöglich, eine englische Militärstelle aufzusuchen, damit sie die deutsche Entlassung billigt« nahm er sehr ungnädig auf: »Dann müssen Sie das in einem Kriegsgefangenenlager nachholen.« Und schon stand ich zusammen mit anderen Deutschen auf der Ladefläche eines Militärautos.

Vorbei geht der Master Sergeant der Kompanie. Er sieht mich: »Was machen Sie denn da oben?« Er hört meine Erklärung, geht zum Major, spricht mit ihm. Die Unterhaltung wird lauter. Die beiden streiten. Dann steht der Master Sergeant stramm, er salutiert, kommt mit ernstem Gesicht zu mir, winkt mich herunter vom Wagen, geht mir voran, geht um eine Hausecke. Dann ganz heiter: »So, nun schnell weg, und lassen Sie sich nicht wieder von diesem Major sehen!«

Im Herbst des vergangenen Jahres war die zwanzigjährige Liddy, die um vier Jahre jüngere Schwester meiner Frau Gertrud, aus der russischen Besatzungszone zu uns gekommen. Sie hatte nicht länger mehr bei den Eltern in Barby an der Elbe leben wollen. Sie fühlte sich erwachsen und selbständig. Wir nahmen sie gern auf, seither lebte sie als ein Familienmitglied bei uns. Liddy hatte in ihrer Heimatstadt die Oberschule absolviert. Ich leitete sie nun zu technischen Zahlenrechnungen mit dem Rechenschieber und zum Anfertigen technischer Zeichnungen an. Sie unterstützte mich beim Fertigstellen meiner Berichte.

Wenn abends Gertrud die Hausarbeit, Liddy ihr Pensum Technik und Hausschaffen, ich selbst meine Niederschriften erledigt hatte, dann kam die Stunde der gemütlichen Abendunterhaltung. Anfangs las ich Prosa oder Lyrik vor. Liddy spielte gern Karten. Doch gab es unglücklicherweise keine Spielkarten.

Also hatte ich unserer Gemeinschaft ein doppeltes, selbstgezeichnetes Kartenspiel geschenkt. Damit konnten wir auch Liddys Lieblingsunterhaltung, nämlich Rommé zu spielen, auf unser Abendprogramm setzen. Da ich von meiner technischen Arbeit gedanklich niemals schnell loskommen kann, war ich sehr unaufmerksam, und die Frauen hatten häufig Gelegenheit, herzlich über meine Fehler zu lachen.

Was die Arbeit betraf, so war mir klar, Völkenrode bot keine Dauerbeschäftigung, ich mußte mich ernsthaft nach einer sicheren und beständig bleibenden Arbeitsstelle umsehen. Ich fuhr in die westfälische Heimat und besuchte meine Geburtsstadt Schwelm. Ich sah nach zehnjähriger Abwesenheit grausame Kriegszerstörungen. Zerbombte Wohnhäuser. Auch die Kirchtürme, von denen mein Zeichenlehrer manches Ölbild gemalt hatte, sind sehr beschädigt. Der Turm der evangelischen Pauluskirche ist ganz zusammengefallen zu einem Trümmerhaufen aus roten Backsteinen und Bauschutt. Die beiden Türme der Christuskirche und der Turm der kleineren katholischen Marienkirche hatten beim Artilleriebeschuß ihre Spitzen verloren.

Mein Vater, der noch in seinem süddeutschen Verlagerungsort lebte, hatte mir geschrieben, daß in Dortmund eine neue technische Hochschule aufgebaut werden sollte. »Aber das ist nur ein vages Projekt«, erklärte mir in Dortmund ein Stadtrat. Ich kehrte ohne Ergebnis nach Wildemann zurück. Möglicherweise ließ sich auch unser Institut für Aerodynamik und Flugtechnik wieder beleben. Ich überlegte, daß die an Torpedos, Geschossen und Flugzeugtragflügeln erworbenen Kenntnisse über das Strömungsverhalten auf Problemstellungen der Biologie übertragen werden konnten, um das Schwimmen der Fische, das Fliegen der Vögel und die besondere Art ihres Körperbaus zu verstehen. Ich glaubte, daß man mit solchem Einblick auch entscheidende Kriterien zum Bewerten der einander widersprechenden Evolutionstheorien von Darwin und Lamarck würde gewinnen können. Eine Denkschrift sandte ich an die wissenschaftliche Zentralstelle der britischen Besatzungsmacht. Ich bekam nie eine Antwort.

Vielleicht könnte man auch als Strömungsmechaniker in den USA oder in England arbeiten. Von der Beschäftigungsmöglichkeit in England hatte ich in Völkenrode gehört. Die Bedingungen waren wenig reizvoll. Frau und Kind sollten in Deutschland bleiben. Arbeiten könnte man in Farnborough, dem Zentrum der britischen Luftfahrtforschung, auf der Basis eines Vertrages, der nur von den Engländern kurz gekündigt oder weitergeführt werden konnte. Die Bewegungsfreiheit wird auf ein Gebiet fünf Kilometer um Farnborough beschränkt. Einen konrekten Vorschlag zur Mitarbeit machte mir eine Gruppe, die sich am Bodensee sammelte, um hernach in Frankreich zu arbeiten. Für diese Aufgabe wurde später mein Doktorvater Paul Ruden gewonnen, der in Frankreich als Aerodynamiker am Entwurf des Strahlflugzeuges Caravelle mitarbeitete.

Zu Ende des Monats März 1946 erhielt ich aus Göttingen ein Telegramm. Zwei Assistenten des Mechanikinstitutes, mit denen ich während des Krieges zusammengearbeitet hatte, erbaten dringend meinen Besuch. Es waren Dr. Johannes Hoch und Dr. Kurt Magnus. Wir drei hatten uns mit Mechanik-Problemen von Torpedos beschäftigt. Ich mußte den beiden Spezialisten für automatische Steuerungen Informationen über hydrodynamische Kräfte und Momente auf den Torpedokörper und die Steuerungsflächen am Heck liefern. Zwischen Hoch, Magnus und mir galt eine Verabredung, daß wir uns nach einer Möglichkeit zur gemeinsamen Arbeit umsehen wollten. Magnus hielt Kontakt zu den früheren Peenemünder Raketenbauern, deren Leiter Wernher von Braun gewesen war und die schon in den USA lebten. Sie beabsichtigten, noch weitere Arbeitskräfte aus Deutschland nachzuziehen.

Mich an die Vorgeschichte erinnernd, fuhr ich bald mit einem dieser noch unregelmäßig verkehrenden, aber immer sehr überfüllten Züge in die alte, unzerstörte Universitätsstadt. War dann doch sehr erstaunt, als mir Magnus im Mechanik-Institut eröffnete, er habe Verbindung mit einem technischen Institut aufgenommen, das in der russischen Besatzungszone, und zwar in der Stadt Bleicherode, liege. Er selbst und auch Herr Hoch, der etwas später eintraf, sie beide seien entschlossen, dort zu arbeiten. In Bleicherode würde die Peenemünder Rakete A 4 weiterentwickelt. Jetzt zu Forschungszwecken. Man brauche meine Mitarbeit als Aerodynamiker.

Ich war völlig überrascht. An diese Arbeitsvariante hatte ich bisher überhaupt nicht gedacht. Ich zögerte. Die Kollegen berichteten dann von dem günstigen Versorgungsangebot. Jedem Familienmitglied werden 4500 Kalorien pro Tag an Brot, Butter und Fleisch garantiert. Solches wirkte auf die damaligen ausgehungerten und geschwächten Menschen wie ein Sichöffnen aller Himmelstore.

Hoch und Magnus schlugen vor, ich sollte am nächsten Tag zusammen mit einem ortskundigen Führer über die Demarkationslinie in die russische Besatzungszone gehen zu einem unverbindlichen Besuch in Bleicherode.

Das Grenzüberqueren würde an einem Dreiländereck, wo die englische, die amerikanische und die russische Besatzungszone zusammenträfen und wo nach allen Erfahrungen auf westlicher Seite keine Posten stünden, erfolgen.

Mir schien das zwar abenteuerlich wie ein Unternehmen des legendären Barons Münchhausen, aber ich sagte zu.

Drüben in Bleicherode lernte ich in seiner recht vornehm eingerichteten Villa Diplomingenieur Helmut Gröttrup, den deutschen Leiter der Raketengruppe, kennen.

Herr Gröttrup, etwa dreißigjährig, freundlich, mit liebenswürdigen Manieren, groß, schlank und blond wie ein Schwede, auch blaue Augen hat er, ist geschickt im Verhandeln. Mich, der ich ihn zum ersten Mal sehe, begrüßt er freundlich wie einen alten Bekannten, hofft, daß mein Weg hierher nicht allzu beschwerlich gewesen ist. Ich hatte schon gehört, daß er in Peenemünde als Assistent des Wernher von Braun gearbeitet hatte. Ja, er habe sich von den Peenemündern getrennt, um selbständig zu arbeiten. Er strahlte voller Optimismus, als er mir Anfangsbedingungen und Ziel seiner Arbeit erläuterte. Ihm wäre es vor allen Dingen wichtig, eine starke wissenschaftliche Gruppe zu sammeln. Außer den Göttingern Hoch und Magnus, die kommen würden, arbeitete schon jetzt in Bleicherode Dr. Wolff, früher Leiter der ballistischen Abteilung in der Kanonenfabrik Krupp. Etwas später führte mich Herr Gröttrup in ein anderes Zimmer, stellte mich zwei Offizieren der Roten Armee vor. Oberst Kutjenikow und Oberst Pobjedonoßzew. Ich blicke in ruhige, nachdenkliche Gesichter. Erst viel später erfuhr ich, daß Kutjenikow Mitglied der ersten Abteilung, also des Geheimdienstes, war und Pobjedonoßzew Professor an der

Fakultät für Luftfahrt in Moskau. Sie sprachen vorzüglich deutsch ohne Akzent. Sie erläuterten: »Die Aufgabe der Bleicheroder Arbeitsgruppe muß darin bestehen, die in Peenemünde gebauten großen Flüssigkeitsraketen für friedliche Zwecke weiterzuentwickeln.« Als ich nach konkreten Aufgaben fragte, sprachen sie von Postraketen, die das weite Gebiet der Sowjetunion überfliegen sollten, sie sprachen von kosmischer Forschung und vom Flug zum Mond. Sie boten mir an, in Bleicherode zu arbeiten, ich würde zusammen mit meiner Familie völlige Bewegungsfreiheit innerhalb der ganzen Besatzungszone genießen. Ich sollte im unzerstörten Bleicherode eine gute Wohnung erhalten. Verpflegung mit hohem Kaloriengehalt wird zugesagt.

Anderentags legte mir Herr Gröttrup einen Vertrag vor, den er als Generaldirektor der »Zentralwerke« schon unterschrieben hatte. Der Vertrag enthielt auch einen Passus, daß ich bei Verlagerung der Zentralwerke diesen Vertrag sofort kündigen dürfe und keinesfalls eine Verlagerung mitmachen müßte. Ich war geneigt anzunehmen. Bat aber, erst nach der Rückkehr in den Harz und nach Aussprache mit meiner Frau, mich entscheiden zu dürfen.

Zur damaligen Zeit hatte die amerikanische Besatzungsmacht fast ohne Ausnahme alle Handwerker, Ingenieure und Wissenschaftler, die an der Peenemünder Raketenentwicklung beteiligt gewesen waren, eingefangen und in die Vereinigten Staaten transportiert. Die Amerikaner wollten selbst diese machtpolitisch wichtige technische Errungenschaft ausbeuten. Auch wollte man den Russen, den gegenwärtigen Verbündeten und den wahrscheinlichen Rivalen von morgen, die Möglichkeit nehmen, ihrerseits Raketen-Spezialisten für sich arbeiten zu lassen. Die russischen Beauftragten, die nun nach Raketenspezialisten suchen sollten, sie mußten einsehen, daß die Amerikaner sehr gründliche Arbeit geleistet hatten. Denn alle bedeutenden Entwicklungsleute aus Peenemünde waren – mit Ausnahme des Herrn Gröttrup – in die USA transportiert worden. Auf russischer Seite hatte man in dieser Situation vermutlich folgendes überlegt: Deutschland ist ein Land, das über eine große Zahl schöpferischer Techniker verfügt. Man müßte nach solchen Technikern suchen, die zwar die doch kurz dauernde Raketenentwicklung nicht mitgemacht hatten, die aber auf Grund ihrer Ausbildung und der bisherigen Arbeit sehr wohl in der Lage sein würden, ähnliches zu leisten. So fand man den Ballistiker von Krupp als Spezialisten für die Berechnung von Flugbahnen und die Steuerungsfachleute aus Göttingen, die sich während des Krieges mit Flugzeugautomatik und Torpedosteuerung beschäftigt hatten.

Als ich wieder in den Westen zurückgekehrt war, in der kleinen Wohnung im Spiegeltal von Wildemann meine Frau Gertrud, deren Schwester Liddy und unsere kleine Tochter, die dreijährige, blondlockige Katrin, begrüßt hatte, wir bewohnten im Hause eines Forstarbeiters zwei kleine Zimmer und eine Behelfsküche, da packte ich als Ausbeute dieser Reise einige Lebensmittel und eine Flasche Wein aus. Ich war sehr fröhlich und bat die Frauen, hübsche Kleider anzuziehen, auch ich würde mich fein machen, wir wollten das heutige Abendessen besonders feiern. Ich machte die Ladies neugierig mit der Ankündigung: »Vielleicht können wir sogar bald eine gute und sichere Arbeit bekommen.« Am Abend hörten sie meinen Reisebericht. Ich schlug vor, nach Bleicherode überzusiedeln, und die beiden Frauen stimmten sofort zu. Im Mai würden wir mit einem Lastauto nach Bleicherode geholt werden.

Drunten im Flachland, in Göttingen und in Bleicherode war schon jetzt im März der Frühling eingezogen. Zartes Blattgrün und erste Blumen in den Gärten. Und bald war der Frühling auch zu uns hoch ins Gebirge gestiegen. Alle Wiesen grünten, die Vögel zwitscherten und bauten Nester. Alle Tage sonnte sich unsere Familie auf einsamer Waldlichtung unter schönstem Himmelsblau. Plötzlich war alles das, was wir bisher als bedrückend empfunden hatten, die karge Verpflegung, das beengte Wohnen, die Plagerei mit dem Beschaffen von Heizmaterial, die Unsicherheit der Arbeitsbedingungen, leicht geworden, nichts schien mehr schwer, bald würde unser Leben viel freundlicher ablaufen.

Wir schnürten die Bündel. Luden am frühen Morgen des 25. Mai unsere wenigen Möbel, einige Kisten und Koffer auf das Lastauto.

Als Fahrtziel nannten wir in Wildemann noch Dortmund. Lenkten bald nach der Abfahrt um in Richtung zur russischen Demarkationslinie. Steuerten einen verabredeten Punkt an.

Dort wurde umgeladen auf ein Fahrzeug, das aus dem russischen Gebiet gekommen war. Das alles geschah in unmittelbarer Nähe der Grenze. Mir standen die Haare zu Berge, als ich bemerkte, daß fünfzig Meter von uns entfernt ein englischer Posten stand und zuschaute. Aber er kontrollierte nicht. Und so ging es gut mit unserem heimlichen, aber doch ganz tölpelhaften Grenzüberschreiten.

Die Kinder der »Schwestern Maria«

Fröhliche Weihnachten

Fröhliche Weihnachten

Die Kinder der »Schwestern Maria«

Die Kinder der »Schwestern Maria«

Fröhliche Weihnachten

Fröhliche Weihnachten

Die Kinder der »Schwestern Maria«

Die Kinder der »Schwestern Maria«

Fröhliche Weihnachten

für ca. 14.700 Waisenkinder in Pusan und Seoul/Korea, in Manila, Silang

Die Kinder der »Schwestern Maria«

Fröhliche Weihnachten

Fröhliche Weihnachten

Die Kinder der »Schwestern Maria«

Die Kinder der »Schwestern Maria«

Fröhliche Weihnachten

Fröhliche Weihnachten

Die Kinder der »Schwestern Maria«

Die Kinder der »Schwestern Maria«

Fröhliche Weihnachten

und Talisay/Philippinen sowie in *Chalco/Mexiko · Ihre Spende hilft*

Beginn in Bleicherode

Bleicherode, man muß geduldig auf der Landkarte suchen, um endlich den Finger darauf halten zu können. Es liegt in Thüringen am Ostrand des Eichsfeldes, dieser gebirgigen Muschelkalk-Hochfläche. Markiert ist es auf der Karte als eine Ortschaft zwischen fünf- und zehntausend Einwohnern. Also wird es eine sehr kleine Stadt sein.

In den letzten Kriegsjahren hatten wir uns daran gewöhnt, daß Rüstungsfabriken und Forschungsinstitute ihre Arbeitsstätten in kleine Ortschaften verlagert hatten. Das war eine Flucht vor den Bombenangriffen englischer und amerikanischer Flugzeuge gewesen, die den ursprünglich in größeren Städten angesiedelten Fabriken und Verwaltungen gegolten hatte. Sehr viele für die Weiterführung des Krieges wichtige Betriebe, einschließlich ihrer Produktionsstätten, waren ab 1943 aufs Land verlegt worden. Dazu hatte auch unser kleines Institut für Aerodynamik und Flugtechnik gehört, wir hatten es aus Hannover in den Harz umgesetzt. Und als große Schwärme englischer Bombenflugzeuge das auf der Ostsee-Insel Usedom gelegene Raketenentwicklungszentrum in Peenemünde vollständig zerstört hatten, da wuchs im Thüringer Raum schnellstens der Ersatzbetrieb heran. Man richtete in den Tiefen der Kalibergwerke Hallen für die Fertigung von Raketen ein, baute bei Lehesten die Prüfstände für Raketentriebwerke und sammelte in Bleicherode technische Gruppen und die Verwaltung.

Das Verlagern von Betrieben, das Umsiedeln von Arbeitern und Ingenieuren, das Neueinrichten und Fortführen der Produktion in kürzester Zeit, das waren erstaunliche technische Leistungen gewesen.

Uns vier Übersiedler, die beiden Frauen, das Töchterchen

und mich, brachte man im Mai 1946 in einem winzigen Hotel der Stadt Bleicherode unter. Es war wie alle Hotels zu jener Zeit stark verwohnt. Bald nach unserer Ankunft erschien zur freundlichen Begrüßung Dr. Hoch. Er duldete nicht unseren weiteren Aufenthalt in solcher Gaststätte, großzügig lud er die ganze Familie ein, in seine geräumige Wohnung mit einzuziehen, die er mit Frau und zwei kleineren Kindern teilte; solange, bis wir selbst eine eigene Wohnung gefunden haben würden. Herr Hoch zeigt uns sein großes Fremdenzimmer, und nach einigem Zögern nahmen wir dankbar an und wohnten in den ersten Wochen bei ihm. Teilten auch jede der reichlichen Mahlzeiten mit der Familie Hoch. Abends, nach getaner Arbeit, gesellte sich noch Herr Magnus zur Tafelrunde. Er hatte schon selbst eine kleine Wohnung gefunden, doch lebte damals seine Frau noch in Göttingen. Sie siedelte erst später über.

Hoch und Magnus waren bereits ganz in die neue Arbeit eingestiegen. Die Wohnung, die Verpflegung, die Arbeit, alles hatte sich normalisiert. Ihre Stimmung lag in recht optimistischer Höhe. Einmal sagte Hoch: »Wir leben doch jetzt in unserem geistig produktivsten Alter.« – Ich selbst war damals 32 Jahre alt, die beiden Kollegen waren nur wenig älter. – »Und da ist es doch schön«, meinte er fortfahrend, »an einer bedeutenden Aufgabe mitzuwirken«, er sog an seiner Pfeife. Denn auch Tabak gab es wieder. »Ich denke manchmal daran, daß irgendwann einmal in fernster Zukunft, nach kosmischen Zeitaltern, unsere Erde unbewohnbar werden könnte. Die Menschheit wird dann auf einen anderen Himmelskörper umsteigen müssen. Und wir sind es, die für das künftige Transportmittel, also die Rakete, Pionierarbeit leisten.« Das Gespräch sprang dann schnell wieder zu den Tagesereignissen über. Magnus schaute auf Liddy, die sich eine Zigarette drehte. Dazu brauchte sie den russischen Tabak, Machorka genannt, und Zigarettenpapier, dessen Ränder sie mit dem Finger befeuchtete, das Papier dann um den Tabak wickelte, es zusammenschloß, und schon war die Zigarette fertig. Magnus reichte ihr Feuer. Er meinte nachdenklich: »Man sollte doch ein Röhrchen erfinden, das nicht wie Zigarettenpapier mit verbrennt, sondern beliebig oft verwendet werden kann.« Der immer zum Scherzen aufgelegte Hoch jubelte: »Hurra, Magnus hat soeben die Tabakpfeife erfunden!«

Im Institut – so nannten wir nach alter Gewohnheit unsere Arbeitsstätte – war anfänglich die wissenschaftliche Abteilung in einem einzigen Zimmer untergebracht gewesen. Dort lernte ich den Herrn Dr. Wolff kennen. Bis zum Ende des Krieges hatte er in der Stadt Essen bei der Firma Krupp, die großkalibrige Geschütze produzierte, eine ballistische Abteilung geleitet. Er war jetzt wenig älter als fünfzig Jahre, etwas gebückt gehend, grauhaarig, kluge Augen hinter den Brillengläsern. Er hatte Astronomie studiert. Die mathematischen Methoden dieser Wissenschaft zum Berechnen der Bahnen von Himmelskörpern, also von Planeten, Trabanten und Kometen, sie lassen sich unschwer auf das Problem anwenden, die Flugbahn eines Geschosses oder einer ballistischen Rakete rechnerisch festzulegen. Solche Möglichkeit multivalenten Anwendens einer Grundlagenwissenschaft gibt es häufig. Die wissenschaftlichen Kenntnisse können angewandt werden zum Ausbau der eigenen Disziplin, aber auch zum Schaffen von Gebrauchsgütern und von Waffen.

Herr Wolff zog mich sogleich in ein tiefes Fachgespräch über die Aerodynamik von Flugkörpern, über die zum Berechnen notwendigen Differentialgleichungen, über die Meßverfahren. Ich fragte ihn meinerseits nach seinen geistigen Arbeitsmitteln. Wir kamen einander auch außerdienstlich nahe. Herr Wolff spielte gut Klavier. Sogar das Orgelspiel hatte er erlernt. Ich staunte über seine bedeutenden

Kenntnisse auf biologischem Gebiet. Interessiert war er an allen philosophischen Fragestellungen. Zu meinem Geburtstag schenkte er mir aus seinem eigenen Buchbestand Schopenhauers Briefe.

An der Spitze der russischen Leitung in Bleicherode stand der junge General Gaidukow, energisch, bestimmend, mit Einblick in technische Zusammenhänge. Unter seinen vielen Stabsoffizieren ragten hervor der Oberst Pobjedonoßzew, den ich schon beim ersten Orientierungsbesuch in Bleicherode kennengelernt hatte. Er war bei den deutschen Spezialisten recht beliebt. Da war auch der Oberst Korolow, ein begabter Ingenieur, Respektsperson, stets auf der Basis exakten Ingenieurwissens, gepaart mit gesundem Menschenverstand, entscheidend. Er war mit allen Problemen der Raketentechnik bestens vertraut.

Den General Gaidukow lernte ich gleich zu Beginn meiner Arbeit in Bleicherode kennen. Er hatte mich zu sich rufen lassen, um mit mir die großen Linien meiner technischen Arbeit zu besprechen. Als Dolmetscher hatte er den sehr gut deutsch sprechenden Oberst Korolow geladen.

Weiterhin lernte ich den Oberstleutnant Mischin kennen. Ein Fachmann auf dem Gebiet der Ballistik. Groß, schlank, dunkelhaarig mit nachdenklichen Augen. Ein anregender Gesprächspartner. Sehr geübt im wissenschaftlich begründeten Denken. Da war unter den sowjetischen Offizieren vor allem auch der Oberstleutnant Tjulin, ein hochgebildeter, vielseitig interessierter und persönlich liebenswürdiger Ingenieur.

Viele Jahrzehnte später erzählte mir bei einem Zusammentreffen auf einer strömungstechnischen Tagung – in Wittenberg, 1983 war es gewesen – der bekannte russische Aerodynamiker Abramowitsch, daß auch er im Jahre 1946 in der Uniform eines Obersten als Ingenieur-Offizier in Bleicherode gearbeitet hatte, wir waren uns damals aber nicht begegnet.

Der gesellschaftliche Kontakt zwischen uns und den sowjetischen Offizieren wurde gepflegt. Man besuchte einander in den Familien. Denn auch die Offiziere waren zum Teil von ihren Frauen begleitet. Dieser freundliche gesellschaftliche Kontakt schien uns damals ganz selbstverständlich. Doch als wir später in der Sowjetunion arbeiteten, da war den sowjetischen Offizieren und Zivilisten jeder außerdienstliche Kontakt mit den Deutschen untersagt worden. Die lieben Bekannten aus Bleicherode hatten sich in recht einsilbige Menschen verwandelt.

Nun zurück ins Zimmer, in dem die deutsche wissenschaftliche Abteilung untergebracht war. Es gab nur wenig Mobiliar. Auf einem alten Stuhl mit nur drei Beinen die Balance haltend, ermittelte ich auf Vorschlag von Herrn Wolff die aerodynamischen Beiwerte der Rakete.

Es gab keinerlei Informationen mehr darüber aus der Peenemünder Zeit, keine Berichte hatte man gefunden. Entweder waren sie von der deutschen Verwaltung zu Kriegsende beim Eindringen der gegnerischen Heere befehlsgemäß vernichtet worden, oder die Amerikaner hatten sie restlos ausgeräumt. Denn Thüringen, also auch Bleicherode, war zuerst von der amerikanischen Armee besetzt worden. Bald aber hatte sich die Armee auf die zwischen Stalin, Roosevelt und Churchill in Jalta vereinbarte Demarkationslinie zurückgezogen, die der Grenze zwischen den später im Jahre 1949 entstandenen deutschen Staaten entspricht.

Vorgefunden hatten wir nur einige Zeichnungen der ganzen Rakete A 4. Dieser Raketenkörper, zehn Meter lang, ähnelt der Form eines vorn zugespitzten Geschosses. Am Heck große Stabilisierungsflächen, wie man sie noch vom Zeppelin-Luftschiff oder vom Torpedo kennt. Bei der deutschen Bevölkerung war die Rakete während des Krieges durch die Benennung V 2 in den Wehrmachtsberichten bekannt geworden. Die faschistische Propaganda hatte den Buchstaben V als Abkürzung für Vergeltungswaffe gewählt.

Die Rakete schleppte, mit Überschallgeschwindigkeit fliegend, eine Tonne explosiver Last zum Ziel über eine Entfernung von wenig mehr als zweihundert Kilometern. In den letzten Monaten des Zweiten Weltkrieges war mit dieser Rakete die Stadt London beschossen worden. Wenn sie vollgetankt auf dem Starttisch stand, betrug ihre Masse zehn Tonnen. Der Treibstoff beanspruchte den größten Massenanteil. In zwei große Tanks wurde Alkohol als Energieträger und flüssiger Sauerstoff zu seiner Verbrennung gefüllt. Die Rakete wird nach dem Start vorwärts getrieben durch Ausstoß des Feuerstrahles verbrannter Gase aus der großen Heckdüse. Jedem Leser wird dieses Antriebsprinzip bekannt sein, er denke nur an die hochzischenden kleinen Feuerwerksraketen. Das Triebwerk einer Großrakete zischt nicht so sanft, es tobt mit ohrenzerreißendem, infernalem Brüllen und Donnern. Denn es schleudert gewaltige Massen verbrannter Gase mit Überschallgeschwindigkeit heraus. Bei der A 4-Rakete sind es 125 Kilogramm in jeder Sekunde. Nach 68 Sekunden Flugzeit sind die Tanks geleert, die Rakete ist um 8500 Kilogramm erleichtert. Der Rückstoß des Strahles treibt den Raketenkörper mit einer Kraft von 250 000 Newton. Beim Start beträgt die Masse 10 000 Kilogramm. Die Beschleunigung beim Start, das ist der Geschwindigkeitszuwachs in einer Sekunde, läßt sich aus diesen beiden Zahlen in einfachster Weise ausrechnen. Denn nach dem von Isaak Newton aufgestellten Grundsatz der Dynamik gilt: Kraft ist gleich Masse mal Beschleunigung. Man hat also die Kraft durch die Masse zu dividieren und erhält als Größe der Beschleunigung die Zahl 25. Diese Beschleunigung wird gemindert durch die Erdanziehung, die etwa 10 beträgt, also bleiben zum Beschleunigen der Rakete 15, das heißt, es wird die Geschwindigkeit um 15 Meter in der Sekunde, das sind 54 Kilometer in der Stunde, gesteigert. Wenn kurz vor dem ganzen Treibstoffverbrauch die Flugmasse nur noch 1500 Kilogramm beträgt, dann ergibt das Dividieren als Beschleunigung 166,7, und unter der Annahme, daß die Rakete senkrecht nach oben geschossen wird, muß wieder 10 als Gegenwirkung der Erdanziehung subtrahiert werden. In der letzten Sekunde steigt also die Geschwindigkeit um 156,7 Meter in der Sekunde oder umgerechnet 564 Kilometer in der Stunde. Also wird durch die gleich groß gebliebene Antriebskraft die kleiner gewordene Raketenmasse viel stärker beschleunigt als kurz nach dem Start.

Bei einer Rakete, die nicht vertikal nach oben geschossen, sondern in eine geneigte Flugbahn gelenkt wird, muß zum Berechnen der momentanen Beschleunigung nicht der volle Betrag der Erdanziehung subtrahiert werden, sondern nur der kleinere, in Bahnrichtung weisende Anteil.

Der Leser wird aus dieser Rechnung sofort erkannt haben, daß die Fluggeschwindigkeit am Ende um so größer wird, je geringer die Flugmasse geworden ist. Also stellt man fest: Je kleiner das Verhältnis von Endmasse zur Startmasse, desto größer wird die Endgeschwindigkeit, und desto größer wird auch die Flugweite. Allerdings ist zur besseren Übersicht die Rechnung stark vereinfacht worden. Tatsächlich bleibt die antreibende Kraft nicht während der ganzen Antriebsphase gleich groß, und beim Zünden erreicht das Triebwerk nicht schlagartig die volle Kraft. Die antreibende Kraft, der Schub, wächst beim Aufsteigen in große Höhen etwas, weil der Umgebungsdruck sinkt. Außerdem wirkt als bewegungshemmend der Luftwiderstand.

Man wollte von mir wissen, wie groß Luftkräfte und Momente werden, wenn die Raketenachse um einen kleinen

Winkel von der Richtung der Flugbahn abweicht. Man wollte von mir wissen, wie groß Luftkräfte und Momente werden, wenn die Steuerruder verstellt werden. Besonders wichtig war es, die Größe des Luftwiderstandes festzustellen, den die Rakete vom Flugbeginn bis zum Erreichen ihrer größten Geschwindigkeit, diese ist fünfmal größer als die Geschwindigkeit, mit der der Schall forteilt, erfährt.

Normalerweise hätte damals ein Aerodynamiker den Kollegen, die ihm einen solchen Wunschzettel überreichten, geantwortet: »Dazu brauche ich Modellmessungen in verschiedenen Windkanälen. Und zwar Messungen in einem Kanal für niedrige Geschwindigkeiten, in einem zweiten, der bis zu hoher Unterschallgeschwindigkeit bläst, und in einem dritten Spezialkanal, durch den die Luft mit Überschallgeschwindigkeit auf das Raketenmodell stürmt.«

Ich wußte, daß bis zum Kriegsende Windkanäle in Berlin bei der deutschen Versuchsanstalt für Luftfahrt gearbeitet, daß auch die früheren deutschen Flugzeugfabriken auf dem Gebiet der heutigen russischen Besatzungszone ebenso wie Peenemünde über Windkanäle verfügt hatten. Doch mir wurde bedeutet, daß keiner dieser Windkanäle zur Verfügung stehen würde. Sie seien entweder durch den Krieg zerstört oder später abtransportiert worden.

Also solche Arbeitsmittel existierten für mich nicht. Bliebe die Möglichkeit, die Messungen in den Moskauer Windkanälen des Zentralen Aerodynamischen Instituts zu bestellen. Aber die Herren Gröttrup und Wolff, die schon Erfahrungen hatten, erklärten mir, daß uns dieser Weg des Zusammenarbeitens mit russischen Instituten versperrt sei. Wir sollten ganz autonom arbeiten. Diese Linie bestätigten alle sowjetischen Ingenieur-Offiziere, an die ich mich mit der Bitte um Unterstützung wandte. Ich fragte mich: Können wir uns selbst Windkanäle bauen? Dazu gehören viele Mitarbeiter bei der Projektierung, Konstrukteure und

Handwerker. Über die verfüge ich hier nicht. Und frühestens in einem Jahr könnten unter allergünstigsten Umständen neuprojektierte Windkanäle arbeiten. Das ist den ungeduldig wartenden Kollegen eine viel zu lange Zeit. Der Ballistiker drängt nach aerodynamischen Informationen über die Rakete: »Ohne Angaben des Aerodynamikers kann ich weder den aufsteigenden Ast der Flugbahn noch den Freiflug nach Brennschluß verläßlich berechnen.«

Auch Hoch und Magnus bedrängen mich: »Wir brauchen von ihnen Informationen über die aerodynamischen Momente. Ohne sie läßt sich das automatische Steuerungssystem der Rakete nicht auslegen.« Zu den Interessenten gestellt sich der Statiker, Diplomingenieur Ulrich Brancke. Er fragt nach Kräften und Drücken, die beim Fluge den Raketenkörper belasten. Alle schauen ungeduldig wartend auf mich.

Damals befand sich die Flugzeugaerodynamik in einer Übergangsphase, in der sich die Fachleute bemühten, nicht nur aus Windkanalmessungen, sondern auch aus der davon unabhängigen Rechnung die Größe von Luftkräften, Momenten sowie Druckverteilungen auf Körpern zu bestimmen. Das war schon exzellent für Tragflügelprofile gelungen. Pionierarbeit hatte besonders die Göttinger Schule von Ludwig Prandtl geleistet. Weniger sicher fühlten sich die Aerodynamiker im Vorausberechnen der Beanspruchungen von Rumpf und Leitwerk. Wir hatten im hannoverschen Institut im Windkanal Modelle von Torpedos vermessen, die als lange, schlanke Rundkörper mit Leitwerken zum Höhen- und Seitensteuern einige Familienähnlichkeit mit dem Raketenkörper haben.

Ich hatte mich früher schon bemüht, Luftkräfte, Momente und Druckverteilungen zu errechnen. Hatte beim Vergleichen mit den Messungen erfahren, daß für kleine Winkel zwischen Bahn und Körperachse bestes Übereinstimmen beider Resultate besteht. Also war es für mich, nach solcher Vorbereitung, nicht sehr schwierig, die aerodynamische Beanspruchung des Raketenkörpers zu errechnen. Aber nur mit einer wesentlichen Einschränkung. Diese ersten Ergebnisse gelten nur für den aufsteigenden Teil der Bahn, solange die Raketengeschwindigkeit kleiner als die Schallgeschwindigkeit bleibt. Dennoch kann ich hiermit, wenn auch nur für kurze Zeit, den Ballistiker, die Steuerungs- und Festigkeitsleute zufrieden stellen. Sehe voraus, daß sie mich bald wieder bestürmen werden mit der Frage nach der Belastung des Raketenkörpers bei hoher Unterschall- und bei Überschallgeschwindigkeit.

Während des Krieges hatte ich zwar die Arbeit von Fachkollegen, die sich mit der Lösung solcher Probleme beschäftigen, aus einiger Entfernung beobachten können. Im hannoverschen Institut hatte es aber keine Windkanäle für diesen gasdynamischen Bereich gegeben. Mit dem Wort Gasdynamik faßt man Unter- und Überschallströmungen zusammen. Zwar hatte ich mich interessiert mit den Gasdynamik-Bearbeitern aus Göttingen, Berlin und Braunschweig unterhalten, deren Berichte gelesen, aber bisher keine eigene Arbeit auf diesem Gebiet geleistet.

Nun mußte ich mich schnellstens in diese Materie einarbeiten. Nur deshalb gelang es mir recht gut, weil ich unter meinen eigenen Büchern auch die »Gasdynamik« des Mathematikers Robert Sauer fand. Der Verfasser hatte früher Vorlesungen für Ingenieur-Studenten an der Aachener Technischen Hochschule gehalten. Seine Ausarbeitung der Vorlesungen zu einem Buch stellte hinsichtlich der Didaktik und der strömungsmechanischen Durchdringung mit mathematischen Mitteln ein Meisterwerk dar. Als Leser dieses Buches war ich in den folgenden Wochen gleichzeitig lernender Student und Anwender der Gasdynamik zur Berechnung der aerodynamischen Beanspruchung des Raketenkörpers. Bald konnte Dr. Wolff eine Normalbahn der Rakete A 4 mit meinen Ergebnissen ausrechnen.

Wenn Luftwiderstand, Steuerungseinfluß, die Gewichtsabnahme durch Treibstoffverbrauch und der mit der Flughöhe wachsende Schub in die Rechnung eingehen, dann kann man die Differentialgleichung der Ballistik nicht geschlossen integrieren. Das heißt, es läßt sich keine einfache Formel mit den genannten Abhängigkeiten angeben. Man hilft sich dadurch, daß man das Gleichgewicht zwischen Masse, Beschleunigung und Kräften nur für kurze Zeitintervalle, also kleine Strecken des Flugweges, berechnet und dann alle Abschnitte aneinanderreiht. Der Fachmann nennt das eine schrittweise Integration. Hierzu ist viel Rechenarbeit notwendig. Herr Wolff hatte inzwischen eine große Anzahl von Mitarbeitern für sein Rechenbüro gefunden, unter ihnen manche aus dem Dienst ausgeschiedene Oberschullehrer. Sie hatten als frühere Mitglieder der Nazi-Partei ihr Lehramt verloren. Nun freuten sie sich, in dieser Form wieder geistig arbeiten zu können. Damals waren die heute üblichen elektronischen Rechenautomaten noch nicht bekannt. Heutigen Lesern wird es wie eine Art von Sklavenarbeit anmuten, wenn die Herren aus dem Rechenbüro Tausende von Zahlenwerten aus mechanisch arbeitenden, laut ratternden Tischrechenmaschinen gewinnen mußten, die nicht mehr als die vier Grundrechenarten leisten konnten. Jeder einzelne Funktionswert, Sinus, Cosinus oder Logarithmus, mußte aus speziellen Tafelwerken abgelesen und in die Rechenmaschine eingetippt werden.

Hoch und Magnus konnten nach Zuliefern der aerodynamischen Werte ihre Steuerungsautomatik durchrechnen, und der Statiker verfügte über alle Grundlagen, um zusammen mit den Konstrukteuren die tragenden Teile der Rakete zu dimensionieren, die der Belastung durch Luftkräfte widerstehen müssen.

Als Bearbeiter für die Probleme des Raketenmotors hatte ich in unserem Büro den Herrn Dr. Zeise kennengelernt, einen hervorragenden Fachmann auf dem Gebiet der statistischen Thermodynamik. Jedoch mit einer rein wissenschaftlichen Ausrichtung. Er hatte bisher keinen Kontakt zur technischen Anwendung gepflegt und sich nur für das ideale Grundlagenfach interessiert. So geschah es, daß er Herrn Wolff auf die Frage: »Wie ändert sich der Schub des Raketentriebwerkes, wenn die Rakete in das Gebiet niederen Umgebungsdruckes aufsteigt?« ziemlich unwillig antwortete: »Herr Kollege, ich bin mit allen meinen Kräften, das gilt für mich selbst, sowohl wie für meine Mitarbeiter im Rechenbüro, damit beschäftigt, das thermodynamische Gleichgewicht im Verbrennungsraum des Triebwerkes zu berechnen. Erst später, nach Abschluß dieser Arbeit, kann ich mich mit ihrem Problem beschäftigen.«

Aber bei technischer Kollektivarbeit hat jeder der Spezialisten die Pflicht, Anfragen anderer Bearbeiter schnell zu beantworten. Dem Fragenden ist häufig schon geholfen, wenn er einen Zahlenwert oder den funktionellen Verlauf erhält mit dem Vermerk, daß die Information noch mit einer Unsicherheit, die plus oder minus zehn Prozent des Nennwertes betragen kann, behaftet ist. Eine solche Information kann der an technisches Zusammenarbeiten gewöhnte Fachmann in vielen Fällen schnell liefern. Der Fragende wird beim Weiterarbeiten den Ungenauigkeitsstreifen berücksichtigen. Bemerkt er später, daß die Antwort präziser, also mit kleinerer Fehlerschranke gegeben werden muß, dann braucht der Befragte zum Gewinnen eines solchen Resultates mehr Zeit. Die technische Entwurfsarbeit im Zusammenwirken mehrerer Fachgebiete ist ein evolutionärer Prozeß, vergleichbar dem iterativen Lösen einer schwierigen mathematischen Aufgabe.

Herr Gröttrup fragte mich, ob die Reichweite der Rakete

A 4 durch tragflügelartige Gleitflächen vergrößert werden könnte. In Peenemünde hätte man sich schon mit diesem Problem beschäftigt. Bei uns Aerodynamikern wurde eine geflügelte Variante entworfen, es wurden die aerodynamischen Beiwerte und die Flugbahn berechnet, wir gewannen die Einsicht, daß nur eine geringe Verlängerung der Flugbahn zu erwarten sei. Jahre späte sah ich in einer Fachzeitschrift die Fotografie einer mit Gleitflügeln versehenen A 4-Rakete, die in den USA erprobt worden war. Ich nehme an, die Flugversuche werden zum gleichen Resultat wie unsere Rechnungen geführt haben, denn auch in den USA wurde diese Richtung nicht weiter verfolgt. Eine Rechnung aber ist billiger als das Bauen und Flugerproben einer Variante, sie liefert das Ergebnis wesentlich schneller als das Flugexperiment. Der Leser wird begreifen, welche Stärke ein Betrieb mit einer guten Projektierungsgruppe erreichen kann, die prognostische Rechnungen ausführt.

Diese Rechnungen hatte mein Mitarbeiter, Dr. Robert Schwarz, geliefert, der früher Leiter der aerodynamischen Abteilung bei der Flugzeugfabrik Arado in Brandenburg gewesen war. Ich hatte die Mitarbeiter sehr sorgfältig aus vielen Bewerbungen ausgesucht. Immer, wenn die Verwaltung ungeduldig bemängelte, die aerodynamische Abteilung wachse personell zu langsam, dann antworte ich: »Lieber will ich alle Arbeiten allein machen als mich mit schlechten Mitarbeitern belasten.« Außer dem Dr. Schwarz hatte ich als Mitarbeiter gefunden den Dr. Johannes Schmiedel sowie die Diplomingenieure Oswald Conrad und Fritz Müller.

Herr Conrad hatte in Danzig an der Technischen Hochschule Flugzeugbau studiert, Herr Müller das gleiche Fach an der Technischen Hochschule von Berlin-Charlottenburg.

Erste Projektarbeiten: Raketen nicht nur für die Post, sondern fürs Militär

Auf solche Weise aktuelle Probleme lösend, hatten wir uns mit der vorhandenen Rakete A 4 vertraut gemacht. Bald stellte Herr Gröttrup neue Aufgaben. Als erstes sollte durch Gewichterleichtern die Flugweite der Rakete vergrößert werden. Und zweitens war eine ganz neue Rakete zu entwerfen, die eine Tonne Last zweitausend Kilometer weit trägt. Für diese Raketen wählte Herr Gröttrup die Typenbezeichnungen G 1 und G 2. Er sagte, das seien Abkürzungen für Gerät 1 und Gerät 2.

Doch die Typenbezeichnung wird in den hohen Ämtern nicht als Nebensächlichkeit aufgefaßt. Später, es war schon zu einer Zeit, als das Kollektiv in der Sowjetunion arbeitete, erzählte mir Herr Gröttrup, daß die sowjetische Leitung das »G« als Benennung nicht mehr zulassen wollte. Denn G sei der Anfangsbuchstabe (außer von Gröttrup, aber das habe man nicht gesagt) von Germania und von den Nazi-Politikern Göring sowie Goebbels, aber auch von Gitler, Gess und Gimmler. Zu diesen drei letzten Namensschreibweisen muß man wissen, daß im russischen Alphabet kein Konsonant H existiert. Beim Übersetzen aus fremden Sprachen wird das H durch G transliteriert. So also erhielten auch die Politiker des barbarischen Nazi-Regimes Hitler, Hess und Himmler in der russischen Übertragung das G als Anfangsbuchstaben. Später benannte man die in unserem Kollektiv entwickelten Raketen mit dem Anfangsbuchstaben R.

Beim Projekt G 1 gab es für den Aerodynamiker wenig neue Probleme zu lösen. Denn mit meinen Durchrechnungen der A 4-Rakete hatte ich festgestellt, daß die Außenform, also der Rumpf und die größeren Stabilisierungsflächen am Heck, dem damaligen Erkenntnisstand entsprachen. Ich empfahl die Außenform der Rakete A 4 auch für die Rakete G 1. Das geforderte Gewichtserleichtern bleibt dann eine Aufgabe für die Konstrukteure. Hier verfügten wir über eine gute Kerntruppe, die aus früheren Mitarbeitern der Flugzeugfabrik Arado in Brandenburg bestand. Geleitet wurde sie von ihrem früheren Hauptabteilungsleiter, Diplomingenieur Blass. Alle Flugzeugkonstrukteure sind zum Leichtbauen erzogen worden. Nach kurzem Studium der wenigen noch erhaltenen Konstruktionszeichnungen und einiger fast fertiger Raketen, die man in den unterirdischen Kammern der Kalibergwerke gefunden hatte, erkannten die Konstrukteure schnell, daß gute Möglichkeiten zum Gewichtmindern bestanden. Besonders viel Masse war dadurch einzusparen, daß die Außenhaut der Rakete künftig auch Tankwandung werden sollte. Die Peenemünder Ingenieure hatten das nicht verwirklicht, sondern im Innern zwei große, abgetrennte Behälter eingebaut. Bei der neuen Rakete sollte in die mit Treibstoff gefüllten Tanks zusätzlich Luft von vier Atmosphären Überdruck gepreßt werden. Den dadurch gedehnten Wänden wird eine Zugspannung aufgeprägt, es lassen sich auf solche Weise die für dünne Bleche gefährlichen Druckspannungen, die die Wand zerbeulen und zerknittern, vermeiden.

Aus dieser Konstruktionsmannschaft ragte ein besonders befähigter Mann hervor, Herr Toebe, ein erfinderischer, schöpferischer Ingenieur, der als Statiker wirkte, so nennt man den für Festigkeitsrechnungen eingesetzten Fachmann. Unsere Konstruktionsgruppe gelangen ganz erhebliche Einsparungen an Leergewicht. Weil die Startmasse der A 4 und auch deren Transportlast beibehalten werden sollten, konnte mehr Treibstoff getankt werden. Herr Wolff, der Ballistiker, rechnete für die G 1 eine Flugweite von wenig mehr als tausend Kilometer aus, sie würde also viermal weiter fliegen als die A 4. Alle Kollegen waren sehr erstaunt. Der Oberst Korolow bat Herrn Wolff, alle Gewichtsermittlungen und die ballistischen Rechnungen noch einmal streng zu kontrollieren, ehe er diese Verbesserungsmöglichkeit anerkennen werde.

Hinsichtlich der zweiten Aufgabe des Herrn Gröttrup, eine Rakete zu entwerfen, die eine Tonne Last über zweitausend Kilometer trägt, war ich stärker gefordert. Ich war zwar als Aerodynamiker engagiert worden, mußte jedoch bald einsehen, daß nicht nur der Herr Gröttrup, sondern auch Ballistiker, Steuerungsfachleute und Konstruktionsleiter von mir erwarteten, daß ich für neu zu entwickelnde Raketen die Außenform festlegen und den Grundentwurf ausarbeiten sollte.

Zur Realisierung des Projektes G 2 bestanden verschiedene Möglichkeiten. Zunächst konnte man daran denken, eine ballistische Rakete zu entwerfen, die nach damaligen Vorstellungen – wir mußten als Bauelement von unveränderter Größe das A 4-Triebwerk mit 25 Megapond Schub vorsehen – wenigstens zweistufig ausgelegt werden sollte.

Es handelt sich bei der Zweistufenrakete eigentlich um die Kombination von zwei Raketen, die beim Start fest verbunden übereinanderstehen. Gezündet wird zuerst nur das Triebwerk der unteren Rakete. Wenn auf der Flugbahn aller Treibstoff der unteren Rakete verbraucht ist, dann wird diese zur Gewichterleichterung abgetrennt, und das Triebwerk der zweiten Rakete (man sagt das Triebwerk der zweiten Raketenstufe) wird gezündet, und nur diese fliegt mit der ganzen Transportlast zum Ziel.

Eine andere Möglichkeit hätte darin bestanden, die Startrakete mit einem Überschallflugzeug zu kombinieren. Das Flugzeug wird von der Rakete des Typs G 1 in die Höhe geschleppt. Nach Leerbrennen und Abtrennen der Rakete fliegt das Flugzeug allein zum Ziel. Die Gesamtmasse der Kombination Flugzeug plus Rakete wurde nach unseren Ermittlungen kleiner als die der ballistischen Zweitstufen-Rakete für gleiche Zielentfernung und Transportlast.

Ich hatte mich auch mit einem Vorschlag zu beschäftigen, den Eugen Sänger, ein Spezialist für Raketen und Überschallflugzeuge, während des Krieges ausgearbeitet hatte. Er wollte ein mit Raketenmotor ausgerüstetes Überschallflugzeug in große Höhe steigen lassen. Nach Verbrauch allen Treibstoffes sollte das Flugzeug ohne Antrieb zum Ziel gleiten. Aber mit solcher Methode wird sich nur dann eine weite Strecke überfliegen lassen, wenn sich für das Flugzeug eine Form finden läßt, die das Gleiten mit sehr kleinem Bahnneigungswinkel möglich macht. Der Bahnneigungswinkel entspricht dem Verhältnis von Luftwiderstand zum Auftrieb. Der Auftrieb muß immer so groß sein wie das Fluggewicht, aber dazu soll ein sehr kleiner Widerstand gehören. Mein Nachrechnen des von Sänger vorgeschlagenen Flugzeugs ließ aber ungünstiges Gleitverhalten voraussehen. Und weil ein Raketenflugzeug voluminöse Treibstofftanks haben muß, die auch einem wohlgeformten, aber großvolumigen Rumpf viel Luftwiderstand aufprägen, mußte man diese Variante ausschließen.

Die sowjetischen Offiziere hielten Sängers Vorschlag auch für ungünstig, und zwar deshalb, weil der Flugkörper in Zielnähe mit kleinster Geschwindigkeit ankommt und leicht abgewehrt werden kann.

Inzwischen hatte ich mit großem Unbehagen erkennen müssen, daß die ursprüngliche Zielstellung, nämlich die Entwicklung von Post- und Mondraketen, gar nicht verfolgt wurde. Die Aufgaben waren ganz auf militärische Anwendungen ausgerichtet, und ich mußte einsehen, daß es für mich kein Aussteigen geben konnte, die Würfel waren gefallen. Es gab keine andere Arbeitsmöglichkeit mehr. Mit dem

Verlassen der englischen Besatzungszone hatte ich den Rubikon überschritten. Und schließlich fühlte ich mich auch den sympathischen Kollegen des Kollektivs persönlich verbunden und verpflichtet. Wir waren eine gut eingearbeitete, geistig sehr bewegliche Gemeinschaft geworden, die ihre Arbeit liebt, die wie jede andere Ingenieurgruppe in ähnlicher Lage glaubt, daß über die Ergebnisse der Arbeit die Staatsführung gerecht und klug verfügen wird.

Ab und zu wurden wir aber doch zur Anwendung der Rakete in der Grundlagenforschung animiert. Wir sollten Pläne ausarbeiten, welche wissenschaftlichen Versuche mit sehr hoch geschossenen Raketen durchgeführt werden könnten. Auf die Wunschlisten schrieben wir Messung der Höhenstrahlung, Fotografien von Wolkenformationen, Untersuchung von Luftproben auf chemische und bakterielle Zusammensetzung.

Im Herbst des Jahres 1946 stand Herr Gröttrup im Zenit seiner Karriere. Man darf sich den Bleicheroder Betrieb, »Zentralwerke« genannt, nicht mehr als kleine Arbeitsgruppe, die in wenigen Zimmern untergebracht wird, vorstellen. Die Belegschaft war auf etwa fünftausend Menschen angewachsen. Im ganzen Thüringer Land waren Zweigwerke eingerichtet worden. Es saßen Arbeitsgruppen in Nordhausen, in Sömmerda, und in Lehesten experimentierte man an den Raketentriebwerken. Allerdings konnte man außerhalb der Grundlagenforschung und dem Projektieren keine einheitliche Arbeitsrichtung erkennen. Ich mußte den Kopf schütteln, wenn ich sah, daß manche Betriebsteile wie Fertigungsfabriken für eine Großserienproduktion von Raketen aufgezogen worden waren, daß es aber für die Produktion keinerlei Rohmaterial gab. Alle Anforderungen der eifrigen deutschen Direktoren ignorierte die sowjetische Leitung.

In jedem Betrieb, der derartig schnell wächst, kommt es zu Positionskämpfen, zu einem Gerangel um die Macht. Es wird gekämpft um den Sessel des Generaldirektors bis herab zu den Büroschemeln der Gruppenleiter. Herr Gröttrup hatte in solchem Tauziehen gegen den Leiter eines Parallelbetriebes gesiegt. Verlierer war das Institut Rabe (alte Tarnbezeichnung für Raketen-Bau), die Mitarbeiter dieses Instituts wurden in die Zentralwerke übernommen.

In unseren wissenschaftlichen Abteilungen aber herrschte Frieden. Wenn Herr Wolff die Funktion eines koordinierenden Hauptabteilungsleiters übernehmen wollte, so wurde das von uns Kollegen als ganz natürliche Ordnung gewertet, ihm, dem Ältesten und Erfahrensten, kam dieses Amt zu. Herr Hoch strebte nach einer Sammlung aller Bearbeiter für Steuerungsprobleme in seiner Abteilung. Einige Jahre später, es war in der Sowjetunion, hat er sogar Herrn Gröttrup in dessen Leitungsfunktion abgelöst. In einer solchen Spitzenposition ist viel, sehr viel Organisationsarbeit zu leisten, es kann nicht mehr alle schöpferische Kraft der wissenschaftlichen Arbeit gehören. Hoch sah ganz klar, daß solche Leitungsfunktion ein Opfer bedeutet, wenn die Quelle schöpferischer Produktivität noch sprudelt, daß man sie aber als Flucht nach vorn werten kann, wenn der Fluß wissenschaftlicher Produktivität versiegt ist. Herr Hoch sagte mir, als er Hauptkonstrukteur geworden war, in übertriebener spöttischer Selbstkritik: »Wissen Sie, ich bin geistig schon so verkalkt, daß ich mich nur noch für höchste Leitungsfunktionen eigne.« Aber er fand auch in dieser Zeit immer noch neue Verbesserungen des Steuerungssystems.

Im Zusammenwirken der Grundlagen-Abteilungen wäre es müßig, darüber zu streiten, welchem der Gebiete, also Aerodynamik, Ballistik, Festigkeit, Steuerung oder Triebwerk, eine zentrale Stellung und, damit verbunden, eine Priorität zukäme. Es überraschte uns, als der frühere Leiter der Abteilung Festigkeit in der Flugzeugfabrik Arado jetzt in den Zentralwerken einen Plan vorlegte, in dem seiner Abteilung Festigkeit eine zentrale Funktion zukommen sollte, wie einst der Erde im Weltsystem des Ptolemäus. Ein gutes Kollektiv ist mit einem lebendigen Organismus vergleichbar. Welches seiner Organe sich zu einem besonders bestimmenden entwickeln wird, das läßt sich nicht durch Strukturschemata im Geburtsstadium festlegen. Während der Bleicheroder Zeit blieb die disziplinierte Parität der wissenschaftlichen Abteilungen erhalten. Herr Gröttrup entschied Problemstellungen des wissenschaftlichen Zusammenarbeitens recht demokratisch. Er berief dazu die Leiter der Grundlagen-Abteilungen und manche Einzelwissenschaftler, unter ihnen den Dr. Rolf Coermann, einen sehr tüchtigen Ingenieur auf dem Gebiet der elektrischen Meßtechnik.

Langsam entwickelte sich in der Nachkriegszeit auch das kulturelle Umfeld im kleinen thüringischen Städtchen. Im Stadttheater von Nordhausen sahen wir Max Halbes Drama »Jugend« und Friedrich Schillers »Kabale und Liebe«. Auch gab es ein Sinfonieorchester. Schauspiel und Konzerte, das alles war lange, lange vergessen gewesen. Seit nämlich Goebbels, der Nazi-Propaganda-Minister, den totalen Krieg ausgerufen hatte. Seitdem waren alle Theater, alle Konzertsäle geschlossen gewesen, das künstlerische Personal war zur Armee und in die Rüstungsfabriken getrieben worden.

An den Sonntagen waren wir häufig auf dem Landgut der Gröttrups in Trebra. Aber nicht als müßige Besucher, sondern wir halfen wie die anderen Kollegen aus der Grundlagenabteilung auf den Feldern beim Bestellen und Ernten und erwarben dadurch das Recht, Eier und Gemüse einzukaufen. Bedachte ich bei solchen Ruhepausen unsere Lage, so mußte ich mich doch wundern, daß die Russen einen

Entwicklungsbetrieb mit militärisch ausgerichteten Aufgaben so dicht an die Grenze zu Westdeutschland gelegt hatten. Ich unterhielt mich mit den Kollegen. Damals glaubten wir, daß uns die russische Leitung früher oder später vorschlagen würde, in der Sowjetunion weiterzuarbeiten. In der damaligen Lage Deutschlands, dem durch das Potsdamer Abkommen zwischen den Siegermächten anfangs jede eigene technisch-wissenschaftliche Arbeit untersagt war, hatten sich viele Ingenieure mit dem Gedanken vertraut gemacht, einige Jahre im Ausland zu arbeiten.

Es gab aber auch Fachkollegen, die sich vor solcher Möglichkeit fürchteten. Als ich im Herbst nach Dessau zur Flugzeugfabrik Junkers fuhr, um über Windkanalmessungen an einem A 4-Raketenmodell zu verhandeln – endlich hatte ich doch solche Gelegenheit entdeckt – da traf ich meinen alten Bekannten wieder, den Herrn Boris von Schlippe, den früheren und jetzigen Leiter der Forschungsabteilung. Ich hatte ihn kennengelernt, als er an der Technischen Hochschule in Hannover Vorlesungen über Aerodynamik und Flugzeugstatik gehalten hatte. Herr von Schlippe befürchtete nun, daß eines Tages unsere schöne Arbeit durch einen gewaltsamen Abtransport in die Sowjetunion beendet werden würde.

Es kam der Monat Oktober mit Ereignissen, denen wir erst rückschauend Bedeutung zumessen können. Zuerst wurden die Abschlußtermine aller Arbeiten vorverlegt. Damit die neuen Termine eingehalten würden, verfügte die russische Leitung eine Urlaubssperre. Daß die ganze Belegschaft wieder einmal aufs neue fotografiert wurde, war nicht außergewöhnlich. Im vergangenen halben Jahr meiner Tätigkeit waren Betriebsausweise und die Fotos darauf häufig erneuert worden.

Zum Abend des 20. Oktober hatte man eine Zusammenkunft aller Abteilungsleiter angesetzt, und man hörte gerüchteweise, unsere Arbeit sollte verteidigt werden gegen die Kritik sowjetischer Fachleute aus Moskau, die sich unzufrieden über die Ergebnisse ausgesprochen hätten. Die Sitzung verlief dann aber doch in der gewohnten freundschaftlichen Atmosphäre. Nichts wurde kritisiert. Den Hauptvortrag im Kreise von etwa zwanzig deutschen Kollegen und zehn sowjetischen Offizieren – alle waren Mitarbeiter des Bleicheroder Betriebes – hielt Herr Blass als Leiter der Konstruktionsabteilung. Er hatte Graphiken von mehreren Varianten der Rakete G 1 zeichnen lassen.

Darunter auch eine Variante, die nach meiner Erinnerung von Oberst Korolow stammte. Es sollte die alte Rakete A 4 nur in ihrem zylindrischen Teil erheblich verlängert werden, durch die Volumenvergrößerung kann mehr Treibstoff getankt werden. Gegenüber der alten A 4 wird das Verhältnis von Leergewicht zum Startgewicht vermindert, die Rakete wird erheblich weiter fliegen. Für alle Varianten war das alte A 4-Triebwerk vorgesehen, das 25 Megapond Schub liefert. Herr Korolow kritisierte aber den eigenen Vorschlag. Die sehr schwere Rakete würde mit geringer Startbeschleunigung abheben, und innerhalb ihrer Gewichtsklasse würde sie nicht die größtmögliche Reichweite erzielen. Herr Wolff, der Ballistiker, hatte die Flugbahnen aller Varianten durchrechnen lassen, er nannte die zugehörigen Reichweiten, die alle um die tausend Kilometer lagen.

Damit war in halbjähriger Arbeit gegenüber der alten A 4-Rakete ein außerordentlicher Fortschritt erzielt worden. Und zwar mit ganz neuen Bearbeitern. Ich denke, daß auch ein Vorteil darin lag, daß wir gar keine technischen Berichte aus Peenemünde vorgefunden hatten. So waren wir durch das Alte wenig belastet gewesen und konnten neue Wege gehen. Möglicherweise sind wir, so dachte ich, mit unseren Projekten technisch schon weiter fortgeschritten als die Deutschen in den USA, die stärker am Überkommenen kleben werden.

Gegen Ende der Sitzung kam der General Gaidukow in das Zimmer und setzte sich an den Tisch neben den Herrn Gröttrup, der die Diskussion leitete. Der General sah außerordentlich bedrückt aus. Es schien mir, als ob er einen schweren Schlag oder eine große Enttäuschung erlitten hätte. Die müden Augen in seinem sonst immer jugendlich-frischen Gesicht lagen tief, er sah starr vor sich hin. Nur langsam taute er auf, als er der Diskussion zuhörte. Erst gegen 22.00 Uhr beendete Herr Gröttrup die Sitzung. Der General, nun wieder munter geworden, lud uns alle zu einem Nachtmahl in das Restaurant »Japan« ein. Ich kannte das Restaurant noch nicht. Hatte aber schon auf Wegweisern die russische Übersetzung »ЯАПАН« gelesen. Damals waren auch alle Straßenschilder phonetisch auf russisch geschrieben worden. Und wir Deutschen, die wir willens waren, die russische Sprache zu erlernen, begannen damit, daß wir durch Lesen der Straßenschilder mit beiden Schriften uns die kyrillischen Buchstaben einprägten.

Man schmunzelte auch über die Änderung und Nichtänderung der Aufschrift bei der Parteidienststelle. Dort stand ursprünglich Kommunistische Partei in lateinischen und kyrillischen Lettern geschrieben. Nach dem Verschmelzen von Kommunistischer Partei und Sozialdemokratischer Partei wurde der neue deutsche Name, nämlich Sozialistische Einheitspartei, hingeschrieben. Aber die Aufschrift in kyrillischen Buchstaben blieb unverändert. Dort stand nach wie vor Kommunistische Partei zu lesen.

Man fuhr uns an diesem Abend in bequemen Autos zu dem am Stadtrand liegenden Restaurant. An hufeisenförmig gestellter Tafel hatte man zu einem Festmahl gedeckt. Große Schalen mit Früchten, viele Schüsseln mit Salaten. Bei jedem Gedeck standen mehrere verschiedenartige Gläser. General Gaidukow präsidierte; viele herzliche Trinksprüche wurden gewechselt. Ich wußte schon von früheren Festlichkeiten, daß die Russen sehr trinkfest sind. Der General trank uns Deutschen häufig zu und hatte verkünden lassen, zu solchem Anlaß müßten wir alles austrinken, was wir im Glase hätten. Nachgeschüttet wurde von flinken Ordonanzen nur reiner Wodka. Der General lachte nachsichtig, als ich mich am späteren Abend einmal erhob, um ihm zuzutrinken. Ich hatte mir zwei Bierdeckel als Ersatz-Epauletten auf die Schultern gelegt, am Rockkragen untergeklemmt und verkündet, ich sei ein General der Aerodynamik.

Neben mir saß der Abteilungsleiter für Festigkeit. Er erzählte, daß vor einigen Tagen bei seiner Frau in Brandenburg – sie wohnte noch dort – russische Offiziere erschienen seien, die sich als Abgesandte des Wohnungsamtes von Brandenburg vorgestellt hatten. Man plante die Übersiedlung nach Bleicherode. Die Offiziere hatten sich alle die vielen Möbel der Familie genau angeschaut. Einige Stücke sogar mit dem Zollstock vermessen. Die Ehefrau, die nach einigen Tagen ihren Mann in Bleicherode besuchte, erkannte dann einen dieser Offiziere im Stab des Generals Gaidukow wieder. Also waren es doch keine Abgesandten des Brandenburger Wohnungsamtes gewesen! – Wir schauten uns nach dieser Erzählung an, zuckten die Schultern: »Sonderbar, aber unerklärlich.«

Die lärmende Fröhlichkeit an der Tafel nahm zu. Schon hatte mancher der deutschen Kollegen schlapp gemacht. Es war recht spät geworden, als ich mich verabschiedete. Mein guter Bekannter, der Oberstleutnant Tjulin, erbot sich, mich in seinem Auto mitzunehmen, da wir beide den gleichen Heimweg hätten. Am Ziel half er mir freundlich, aus dem Wagen zu steigen. Das Auto fuhr erst ab, als ich die Haustür hinter mir geschlossen hatte. Ich ging aber wieder hinaus, um noch einen Erfrischungsspaziergang anzuschließen. Ich wanderte zum nahen Wald. Saß ziemlich lange auf einer Bank am Wege. Ging dann doch nach Hause und schlief schnell ein.

Der große Treck gen Osten

Nach solcher Nacht braucht der Mensch ausgiebigen Schlaf. Viel zu früh mußte ich bemerken, daß man sehr hartnäckig versuchte, mich zu wecken. Am Rande alkoholischer Betäubung fühlte ich, wie meine Frau, fühlte ich, wie meine Schwägerin sich bemühten, mich wachzurütteln. Ich glaubte sogar, undeutlich die Stimme des Oberstleutnants Tjulin wahrzunehmen. Dennoch gab ich mir alle Mühe weiterzuschlafen. Bis ich Herrn Tjulin sprechen hörte: »Sie sollen doch heute noch nach Moskau fahren.« Diese Botschaft reißt mich hoch: »Wann soll es losgehen?« Jetzt bin ich hellwach. Ich denke zuerst an eine nur kurze Dienstreise in die sowjetische Hauptstadt. Herr Tjulin setzt sich auf die Bettkante. Er spricht langsam: »Ein hoher Befehl ist gekommen, die deutschen Spezialisten mit ihren Familien nach Moskau zu bringen.«

Schweigen.

Ich schaue auf die beiden Frauen, die schon angekleidet sind, mich anblicken, als wollten sie sagen: Nun wird es aber höchste Zeit, daß du aufstehst! Herr Tjulin erklärt: »Um sechs Uhr wird hier in Ihrer Wohnung ein Leutnant mit vier Soldaten eintreffen. Er wird Sie auffordern, Ihr ganzes Mobiliar, allen Hausrat für die Reise einzupacken.« Er macht eine Pause, um dem müden Mann Zeit zu geben, die Botschaft zu verstehen. »Ich bin gekommen, damit Sie durch die Eskorte nicht allzusehr erschreckt werden. Ich hatte den General gebeten, mir zu erlauben, ihnen die Meldung eine Viertelstunde vor Eintreffen der Soldaten selbst erzählen zu dürfen.«

Bald klingelt es an der Wohnungstür. Das ist die Eskorte. Der Leutnant ist erstaunt, von uns schon erwartet zu werden, sieht dann sogleich auch die Ursache beim Erkennen des Oberstleutnants.

Die Frauen werden recht aktiv. Liddy führt die Soldaten in die Küche und improvisiert ein Frühstück, Gertrud bittet die Offiziere und einen Dolmetscher, der mitgekommen ist, in unser Eßzimmer. Der Dolmetscher zeigt mir seine handgeschriebene Übersetzung des Befehls. Ich lese, daß unsere Zentralwerke auf die Dauer von fünf Jahren in die Sowjetunion verlagert werden. Ein Teil der deutschen Belegschaft wird, unter Bezugnahme auf die Wiedergutmachungsverpflichtung im Potsdamer Abkommen, in die Sowjetunion dienstverpflichtet.

Der Leutnant zeigt eine Liste, in der die Familienmitglieder eingeschrieben sind. Er nennt meinen Namen, schaut mich an und hakt ab. Er ruft: »Albring, Gertrud.« Meine Frau meldet sich, er hakt ab. Er ruft: »Albring, Katrin«, wird ins Kinderzimmer geführt, wo das Töchterchen gerade in seinem Bettchen aufgewacht ist. Das ist dann schon alles. »Und wo bleibe ich?« fragt Schwägerin Liddy. Wir schauen alle unseren Bekannten, den Oberstleutnant Tjulin, fragend an. Er erklärt, die ihm wohlbekannte Schwägerin nicht auf die Verlagerungsliste gesetzt zu haben, sie sei doch nur Besucherin der Familie. Aber meine Frau und ich, wir empfinden die Liddy, die schon ein Jahr mit uns zusammen im Harz-Städtchen Wildemann gelebt hatte, die uns freiwillig in die sowjetische Besatzungszone begleitete, doch wie ein Familienmitglied. Wir erklären, vorausgesetzt, Liddy willige ein, sie gern auf unserer Reise mitzunehmen. Liddy, die nicht zurück ins Elternhaus will, hat außer uns keine Bekannten in der ganzen Besatzungszone. Ohne Zögern stimmt die junge, abenteuerlustige Zwanzigjährige zu mitzufahren. »Dann werden Sie nur im Zug zusammenrücken müssen, ich hatte für die Schwägerin keinen besonderen Platz reserviert«, schließt Herr Tjulin den Fall ab.

Ich bleibe wegen meines alkoholischen Brummschädels ziemlich inaktiv. So organisieren die Frauen das Ausräumen und das Einpacken, zu dem sie auch die Soldaten mit einspannen. Mir weisen sie eine besondere Aufgabe zu. Ich muß in eine große Holzkiste unser ganzes Porzellan weich einpolstern und so gut abstützen, daß es, ohne zu zerbrechen, zweitausend Kilometer Eisenbahnfahrt überstehen kann. Gertrud geht mit Erlaubnis des Herrn Tjulin noch einmal in die Stadt. Es muß eine Rechnung beim Tischler bezahlt werden, es sind Filzhüte aus der Reinigung abzuholen. Mich selbst chauffiert der Oberstleutnant zur bisherigen Arbeitsstelle. Ich hole einige mir gehörende technische Bücher aus dem Schreibtisch. Beim Fahren durch die Stadt sehe ich, daß auch vor den Wohnungen vieler Arbeitskollegen die mächtigen, grüngestrichenen Militärlastwagen stehen. Auch dort laden Soldaten Möbel ein. Ich atme auf. In der Gemeinschaft läßt sich das Ungewöhnliche leichter ertragen.

Allerdings mußte ich eingestehen, daß die eigene Urteilsfähigkeit immer noch nahe beim Nullpunkt lag. Mitarbeitern, die mich auf dem Wege nach meiner Meinung fragten, konnte ich nur raten, selbst nachzudenken, da ich mich noch immer nicht erholt hatte.

Aber man konnte durchaus nicht den Eindruck gewinnen, daß die russische Aktion gegen deutschen Widerstand durchgeführt wurde. Ich treffe einen jungen Mitarbeiter auf der Straße. Einen Diplomingenieur, an der Technischen Hochschule in Danzig, wo auch Oswald Conrad studiert hatte, zum Aerodynamiker ausgebildet. Er war erst vor kurzer Zeit zu uns in den Bleicheroder Betrieb gekommen. Er ist nun recht enttäuscht, daß er nicht mit in die Sowjetunion reisen soll. Auf der Rückfahrt erklärt Herr Tjulin: »Dieser Mitarbeiter war erst sehr spät eingetreten. Die Personal-Listen der Verlagerungsaktion waren schon abgeschlossen.« Bei der Stadtfahrt höre ich, daß nicht die ganze

Belegschaft der Zentralwerke dienstverpflichtet wurde. Von 5000 Beschäftigten sollen nur 150 mitfahren. Und unter diesen niemand aus der bisherigen Verwaltung.

Es ist Mittag geworden. Wir befinden uns schon auf dem Güterbahnhof in Bleicherode. Der junge Leutnant hat uns mit sichtbarer Erleichterung abgeliefert. Wir vier finden Platz im gepolsterten Abteil eines Personenzugwagens. Dieses Abteil bleibt unsere Wohnung. Ich kann nur bewundernd auf meine Frau und meine Schwägerin schauen. Mit welcher Bravour haben die beiden alle Aufgaben des Umzugs angepackt und gemeistert, und mit welcher Gelassenheit harren sie nun der kommenden Dinge. Nach und nach füllt sich der Zug. Immer neue, bekannte Familien treffen ein, herangefahren von den Militärlastautos.

Der Zug, der noch ohne Lokomotive steht, führt in seinem zweiten Teil viele rostrote geschlossene Güterwagen mit. Auch uns wird ein ganzer Güterwagen zugewiesen. In einer kleinen Ecke ließ sich das wenige Umzugsgut einräumen, meistens sind das Kisten, wenige Möbel. Ein paar Blumen in Töpfen. Wir wohnten in Bleicherode möbliert. Also war bei uns das Umladen schnell zu schaffen gewesen. Viel mehr Mühe hatte die Familie des Herrn Gröttrup, des technischen Leiters. Es mußte das Mobiliar nicht nur aus seiner großen Zwölf-Zimmer-Wohnung, sondern auch das aus dem Landgut in Trebra verladen werden. Aus dem Landgut werden auch zwei Kühe herangetrieben. Alles das hat die junge Frau Gröttrup veranlaßt.

Wenn man viel besitzt, bedeutet der Abtransport und das schnelle Umlagern eine ganz außerordentliche Erschütterung. Es geht zu, wie es Hugo von Hofmannsthal im Drama »Jedermann« mit dem Tod des reichen Mannes beschrieben hat. Der Reiche will allen Reichtum in die andere Welt, ins Jenseits, mitschleppen. Und hier soll vieles Liebgewordene, an dem der Besitzer hängt, die Reise mitmachen. Und vom

Landgut sollten es wenigstens zwei Kühe sein. Auch eine ganze Ladung Grünfutter wird später für die Kühe herangefahren. Dennoch, die Kühe erwiesen sich auf unserer lange dauernden Reise als sehr nützlich. Frau Gröttrup und Liddy konnten die Tiere melken, die Milch tranken die Kleinkinder.

Zuerst hatten wir sehr viel Zeit in unserem Eisenbahn-Domizil. Der Zug stand noch lange, nachdem auch die letzten Familien ihn bestiegen hatten. Niemand vom deutschen Bahnpersonal, das eifrig befragt wurde, wußte von der vorgesehenen Abfahrtszeit. Abends richtete man sich auf das erste Schlafen im Zuge ein. Und erwachte frühmorgens und sah im grauen Licht immer noch die dunklen Schuppen des Bleicheroder Güterbahnhofs. Und dort blieb der Zug vorerst auch noch stehen. Er ruckte erst an, nachdem wir einen und einen halben Tag gewartet hatten. Dann schleppte eine alte Lokomotive, mühsam keuchend Wolken grauen Rauches ausstoßend, den überlangen, schweren Zug durchs bergige und bewaldete Thüringer Land. Ich blickte wehmütig auf alle diese Dörfer mit ihren kleinen Kirchen und den rotdachigen Häusern. Für lange Zeit werde ich sie nicht mehr sehen, dachte ich.

Unsere Reise dauerte fast drei Wochen. Eine Entfernung von 2000 Kilometern in 20 Tagen zu durchmessen, bedeutet, es werden im Tagesdurchschnitt 100 Kilometer geschafft. Denn das nach den Kriegszerstörungen erst mühsam geflickte Eisenbahnnetz ist total überlastet. Obwohl den Verlagerungszügen überall die Vorfahrt eingerichtet wird, geht es sehr langsam vorwärts. Wir bemerken bald, daß nicht nur unsere Zentralwerke, sondern auch andere Großbetriebe beteiligt sind. Da sieht man an einem Haltepunkt auf dem Nachbargleis einen Zug stehen mit den Zeiss-Leuten aus Jena, ein anderes Mal mit Junkers-Gruppen aus den Flugzeug- und Motorenwerken um Dessau.

Tausende treten die große Reise nach dem Osten an. Die Züge sind gut geheizt. Die zugewiese Verpflegung hat man reichlich bemessen.

In Frankfurt an der Oder, dem Grenzbahnhof nach Polen, kaufen wir Zeitungen, lesen von einem Protest der Westmächte gegen unseren Abtransport. Einer der Kollegen baut die Batterie seines auf einem Güterwagen festgezurrten Autos aus und benutzt sie als Spannungsquelle für einen großen, mit Röhren bestückten Radioapparat. Die Nachrichten westlicher Stationen betreffen zum Teil unsere Verlagerung. Doch flaute unser Interesse schnell ab, als wir bemerkten, daß die Nachrichtensprecher noch weniger an Information bieten können, als wir selbst schon wissen. Abends fährt der Zug über die Oderbrücke ins polnische Gebiet hinein. Die militärische Begleitmannschaft rät uns, während der Nacht die Außentüren von innen her zuzubinden. Es war vorgekommen, daß in Polen Banden nachts Züge überfallen und ausgeplündert hatten.

Die Fahrt durch Polen dauerte besonders lange. Tags rollte der Zug durch endlose weite Felder, bewachsen mit schilfartigen, bräunlichen, uns ganz unbekannten Pflanzen. Bis wir endlich merken, daß das der Weizen ist, der im Sommer 1944, also vor zwei Jahren, hätte geschnitten werden müssen. Doch damals war dieses Land Kriegsgebiet gewesen. Aber weder im folgenden Jahre 1945, noch in diesem Jahr, 1946, hatten die Felder neu bestellt werden können. Manche Bahnhofsschilder, wie Kutnow, erinnern uns an Schlachten aus der Frühphase des Zweiten Weltkrieges.

In einer Nacht weckt mich Liddy. Der Zug fährt gerade ganz langsam, aber doch polternd über eine Behelfsbrücke, die den breiten Weichselfluß bei Warschau überspannt.

Wenn früh morgens der Zug zum ersten Male hält, greife ich einen Eimer, steige aus und wandere mit allen anderen, ebenfalls leere Eimer schwenkenden Kollegen nach vorn zur fauchenden Dampflokomotive. Reihe mich in die Schlange der schon Wartenden. Der Lokomotivführer spendet uns heißes Wasser zur Morgentoilette. Unser Zug war nicht aus Durchgangswagen, sondern aus den Wagen von Personenzügen zusammengestellt, die es heute nicht mehr gibt. Jedes Abteil mit zwei gegenüberliegenden Sitzbänken hatte Außentüren an beiden Wagenseiten. Man konnte aber im Inneren des Zuges nicht von einem Abteil ins andere gelangen. Draußen an die Türen hatten die Bewohner mit weißer Kreide ihre Familiennamen angeschrieben. Das erleichterte gegenseitiges Auffinden. Manche, die schon etwas von der russischen Schrift verstanden, hatten ihre Namen mit kyrillischen Lettern geschrieben. Doch beim Rückübersetzen ins Deutsche konnte es Irrtümer geben. Einmal stieg zu Professor Frieser ein junger Mann ins Abteil und bat um Haarschneiden. Er hatte den Familiennamen als Berufsbezeichnung Frisör fehlgedeutet.

Keiner der Reisenden war es gewöhnt, so lange im Zug zu sitzen. Wir Mitteleuropäer erlebten bisher nur Bahnfahrten von wenigen Stunden Dauer. Ganz selten einmal eine Tages- oder Nachtreise. Doch ist langsam jedem von uns die Wagenfolge und sind die Adressen der Bewohner so gewohnt geworden, wie man sich mit der Zeit in Reihenhäusern die Nachbarn und deren Namen einprägt. Und bald bedeutet für uns diese Folge von aneinandergekuppelten Eisenbahnwagen ein Stück vertraut gewordenen Heimes in einer stets wechselnden landschaftlichen Umgebung. Während des Tages besuchte man einander in den Wagendomizilen. Man trifft sich zum Plaudern, zum Schach- oder auch zum Kartenspielen. Die Stimmung hatte sich schon bald nach unserer Abfahrt normalisiert. Wir werden gut mit Lebensmittelpaketen beliefert, der Zug ist geheizt. Fast tendiert die Laune schon zum Fröhlichen. Denn die Zugpassagiere sind meistens junge Leute. Und nach dem ersten Erschrecken über den Abtransport ist nun das Stimmungsbarometer weiter in Richtung froh und sogar übermütig ausgeschlagen.

Um unsere junge, charmante Liddy bemühen sich zwei unbeweibte Junggesellen. Da ist zuerst Oswald Conrad, 28 Jahre alt, ein Aerodynamiker, ruhig und besonnen, da ist aber auch Werner Müller, Mathematiker, vier Jahre älter, ein freundlicher Sanguiniker. Es gibt unter den Passagieren ziemlich viele Müllers, man muß durch Zusatzbenennungen unterscheiden. Werner Müller erzählt, daß man ihn früher in der Brandenburger Flugzeugfabrik immer den dicken Müller genannt hatte. Alle schauen ihn erstaunt an, denn dick ist er in keiner Weise. Überhaupt gibt es nach den Hungerjahren des Krieges kaum noch dicke Menschen. Aber er sieht voraus, daß unter der Bedingung gutbleibender Verpflegung er bald wieder dick sein wird. Nun gut, so nennen wir ihn also heute schon den dicken Müller.

Unser blondlockiges Töchterchen, die kleine Katrin, war auch fröhlich. Die nun Dreieinhalbjährige sprach schon ganze Sätze mit sauberer Phonetik und unterhielt sich gern mit unseren Besuchern. Sehr schnell hatte sie sich an das Neue angepaßt. Im Familienkreis fühlte sie sich geborgen. Ihr Spielzeug hatte sie auf einer der gepolsterten Sitzbänke aufgebaut, sie redete mit ihren Puppen, aber sie zeichnete auch, oder sie ließ sich aus dem buntbebilderten Märchenbuch vorlesen, alle die Geschichten, die sie schon längst kannte und von denen sie manche nacherzählen konnte. Das Ungewohnte der Reise beeindruckte sie wenig. Kinder sind ja daran gewöhnt, in Gesellschaft der Eltern und unter deren Schutz ständig Neues aufzunehmen. Die Kleine bemerkte nicht, daß dieses Mal das Neue auch für die Eltern ungewohnt und risikovoll war. Sie freute sich, daß nun auch der Vater immer bei ihr blieb, er ging nicht mehr fort zur Arbeit. Und der Vater, der früher auch nach dem Zurückkommen von der Tagesarbeit bald wieder am häuslichen

Schreibtisch gesessen hatte und den man dabei nicht stören durfte, jetzt ist er ganz für sie da und erzählt sogar manches neue, noch unbekannte Märchen. Aber einen Schreck gab es für das Töchterchen doch. Bei dem vielen Halten des Zuges auf freier Strecke war mal der Vater, mal die Mutter oder auch die Tante Liddy ausgestiegen. Draußen trafen sie die Nachbarn, wanderten plaudernd ein Stück am Zug entlang. Es konnte vorkommen, daß die Lokomotive nach kurzem Warnpfiff anruckte, der Zug fuhr los, wurde schneller und schneller. Wenn es nicht mehr gelang, laufend das eigene Abteil zu erreichen, dann stieg man bei irgendeinem Nachbarn ein und kehrte beim nächsten Halten zur Familie zurück. Nach solchem Erlebnis fürchtete die Kleine stets, wenn jemand von uns ausstieg, daß er nicht zurückkehren würde und draußen allein und verlassen bliebe.

Aber mit der Zeit werden Fröhlichkeit und Übermut der Reisenden doch wieder gedämpft. Schon bedrücken alle die Gedanken an voraussehbare Unannehmlichkeiten. An der Grenze zwischen Polen und der Sowjetunion muß der Zug gewechselt werden. Denn die russischen Züge rollen auf breiterer Schienenspur. Jedermann fragt sich, ob er auch beim folgenden Fahrabschnitt ein bequemes Reiseabteil für die Familie und ausreichenden Laderaum für Möbel und Hausrat bekommen wird.

Eines Morgens wecken uns ungewohnte Geräusche. Der Zug steht auf dem weitausgedehnten Schienengelände eines sehr großen Rangierbahnhofes. Zwischen vielen Lokomotiven werden Morsezeichen gepfiffen. Wir haben die Grenzstation Brest erreicht. Draußen finden wir schnell heraus, daß der auf dem Nebengleis stehende Leerzug für uns bereitgestellt wurde. Es sind große Durchgangswagen. Alles Holzklasse. Sehr geräumige, aber alte Wagen. Obwohl ich diese Wagen früher nie gesehen hatte, kommen sie mir irgendwie vertraut vor. Ich überlege und erinnere mich dann, daß Tolstoi oder Dostojewski derartige Eisenbahnzüge beschrieben hatte. Den großen Ofen zum Heizen des ganzen Wagens beschickt eine Schaffnerin. Die Wärmeisolation mit Doppelfenstern scheint gut zu sein. Eine Lüftung erfolgt nur über den Dachschornstein. Die Fenster sind unbeweglich, sie lassen sich nicht öffnen. Wenn der Zug längere Zeit steht und der den Schornsteinzug verstärkende Fahrtwind ausbleibt, wird es sicher stickig werden. Jedes einzelne Abteil ist für das Übernachten eingerichtet. Die Rückenlehnen der Sitzbänke lassen sich zu zwei weiteren Liegeplätzen hochklappen. In jedem Abteil können sich vier Menschen zum Liegen ausstrecken. Also brauchen auch wir vier nicht mehr eng zusammenzurücken.

Aber zuerst geleitet man uns in den großen Bahnhofswartesaal. An langen Tischen wird ein gutes Essen serviert. Die Wände des Saales sind mit Monumentalfresken bemalt, auf denen die Ziele des laufenden Fünfjahresplanes durch Graphiken und Bilder aus Industrie und Landwirtschaft dargestellt sind. Zum Abschluß unseres Essens bekommen wir hier zum ersten Mal nach dem Kriege echten Kaffee mit Zucker serviert.

Das Umladen von einem in den anderen Zug gelingt dank der Hilfe fleißiger russischer Soldaten recht schnell. Gertrud bedauert, daß alle unsere Topfblumen, darunter ein prächtiger Gummibaum, in den Güterwagen erfroren sind. Deutsche Kriegsgefangene winken und rufen aus einem Zug des Nachbargleises. Sie wollen wissen, ob in Deutschland noch die alten Geldscheine gültig sind. Freuen sich, daß das der Fall ist. Aber schnell untersagt man uns die Unterhaltung mit den Kriegsgefangenen.

Einige Zeit nach der Abfahrt unseres Zuges bemerkten wir etwas sehr Unangenehmes. Die alten Wagen hatten früher als Truppentransporter gedient. Zu der überraschend schnell angeordneten Verlagerungsaktion war es nicht mehr möglich gewesen, sie zu desinfizieren. So lernten wir jetzt die stark anschwellenden Stiche von Wanzen kennen, lernten auch den russischen Namen »Sklop«, lernten schließlich auch die Mittel zum Bekämpfen der Tiere und der Stiche. Das Töchterchen wunderte sich zu sehen, wie der russische Schaffner, in dunkler Uniform gekleidet, mit einer brennenden Kerze alle Ritzen im Holz des Abteils ausräucherte.

Der Zug fährt schneller als in Polen. Das Land ist nur dünn besiedelt. Selten huscht vor den Fenstern ein kleines Dorf mit wenigen braunschwarzen, kleinen Holzhäusern vorüber. Die Straßen sind ungepflastert. Im Gebiet von Weißrußland mehren sich die Kampfspuren. Im Zweiten Weltkrieg war erbittert um jede der Eisenbahnlinien gekämpft worden. Heute sind die großen, von platzenden Granaten gerissenen Erdtrichter schon mit Gras bewachsen. Ab und zu sieht man noch das einst achtunggebietende, jetzt zerschossene Kriegsgerät, zerrissen sind die Stahlwände der Panzer, zertrümmert sind die Flugzeuge.

Spät abends erreichen wir die Stadt Smolensk. Wir speisen im neu errichteten Bahnhofswartesaal inmitten der arg zerschossenen Stadt. Zwischen den Häusertrümmern sind nur die gemauerten Kamine stehengeblieben, wie schmale Türme. Man serviert uns ein gutschmeckendes Abendessen. Deutsche Tanzmelodien spielt eine junge Russin auf der Ziehharmonika. Viel lieber hätte ich hier russische Weisen angehört.

Der Zug bringt uns immer weiter ostwärts. Von Tag zu Tag senkt sich die abendliche Dunkelheit früher über das Land. In Brest, an der russischen Grenze, hatten wir die Uhren um zwei Stunden vorgestellt. An größeren Halteplätzen schmieren Arbeiterinnen, in fahle Wattejacken gekleidet, ausgerüstet mit großen Schraubenschlüsseln und Ölkannen, die Achslager der Wagen.

Der Zug überquert die großen Flüsse, die Beresina, den Dnjepr. Zwar haben wir keine Landkarten bei uns, die Atlanten liegen in vernagelten Bücherkisten, doch wir haben Kollegen mit gutem Gedächtnis, die sich an den Geographieunterricht auf der Oberschule erinnern. Aber uns fehlt nicht nur die Landkarte, sondern auch jeder Maßstab in der Erfahrung, um die Abmessungen dieses riesigen, stillen Landes zu begreifen. Ich denke an die früheren kriegerischen Eroberer, die aus dem Westen eindrangen. Sie scheiterten alle an endloser Weite. Vom Schwedenkönig Karl XII. über den Franzosenkaiser Napoleon I. bis zu Hitler, der 1941 die Sowjetunion überfiel.

Zu uns, den ebenfalls aus dem Westen kommenden Deutschen, verhält sich das Bahnpersonal, verhalten sich die russischen Reisenden an den Haltepunkten recht freundlich. Aber wir können uns nur sehr schwer an den ganz fremden Klang ihrer Sprache gewöhnen. Meistens verständigt man sich mit Gebärden, redet mit den Händen. Doch haben wir in unserer Gemeinschaft auch zwei Frauen entdeckt, die vorzüglich russisch sprechen und in wichtigen Fällen die Gespräche übersetzen. Da ist zuerst die Frau des Aerodynamikers Dr. Schwarz. Herr Schwarz hatte in den früheren Jahren nach dem Ersten Weltkrieg als Ingenieur der deutschen Flugzeugfabrik Junkers in der Sowjetunion gearbeitet. Damals lernte er seine Frau kennen. Die zweite Dolmetscherin ist ebenfalls Frau eines Aerodynamikers, nämlich des Dr. Schmiedel. Frau Schmiedel, eine Baltin, war im zweisprachigen Gebiet des Baltikums aufgewachsen.

Seit Tagen schon lastet ein fahlgrauer Himmel über der frostkalt gewordenen Erde. In uns allen keimt eine leichte Unruhe. Das Ende der Reise rückt näher. Man wird sich wieder umstellen, an Neues gewöhnen müssen.

In Moskau steht der Zug auf dem Gelände einer Fabrik. Podlipki heißt dieser Vorort. »Unter den Linden« hieße er in deutscher Übersetzung, so plaudert die Dolmetscherin. Aber es geschieht zuerst gar nichts. Und unser Bewegungsraum bleibt auf die Zugnähe begrenzt. Die großen Tore der Fabrikhallen stehen offen. Eine Gießerei und mechanische Werkstätten. Aber dahin können wir nicht gehen, die Trennlinie wird bewacht von weiblichen Wachposten, bekleidet mit großen Fellmänteln. Sie tragen das Gewehr umgehängt.

Gestern beim Halt auf einem Vorortbahnhof hatten einige uns aus Bleicherode bekannte russische Offiziere auf dem Bahnsteig gestanden. Unter ihnen die Obersten Korolow und Pobjedonoßzew. Frau Gröttrup hatte maliziös dem Oberst Pobjedonoßzew eine Schachtel mit getöteten Wanzen überreicht. Freundliches Bedauern. Und Oberst Korolow mit seinem nach ostpreußischer Mundart klingenden Deutsch sagte: »Das ist Rußland, das ist Leben.« Unserem Kollegen Dr. Zeise, dem Thermodynamiker, der klein von Gestalt ist und immer ebenso heftig protestiert wie einstens der englische Kaplan Johannes Stogumber, den Bernhard Shaw in seinem Drama »Die heilige Johanna« auftreten läßt, diesem Herrn Zeise klopft Herr Korolow väterlich auf die Schulter: »Herr Kollege, Sie müssen noch viel ruhiger werden.«

Herr Gröttrup wird einem General mit schwarzer Fellmütze vorgestellt. Der hohe Offizier bleibt aber gegenüber dem sehr lebhaften Gröttrup recht schweigsam.

Gorodomlia – Moskau – Gorodomlia

Jeder der Reisenden hatte gedacht, die Stadt Moskau wäre das Ziel unserer langen Eisenbahnfahrt gewesen. Doch blieb zu aller Verwunderung das Auffordern zum endgültigen Verlassen des Zuges aus. Wir wurden weiter im Zuge verpflegt, und abends richteten wir auf den Liegebänken wieder die Schlafstellen ein. Unsere Neugierde, das Reiseziel Moskau anzuschauen, mußte sich damit begnügen, auf die gelbbraunen Laubwälder jenseits des Bahngleises zu schauen, aus denen kleine, dunkle Wohnhäuser im Landhausstil ragten. Von der Großstadtnähe kündete nur häufiges polterndes Vorbeifahren elektrischer Schnellbahnzüge, und in der Dunkelheit sah man den Lichtschein von Autos, die über eine durch die Laubwälder führende Straße fuhren. Tag um Tag verging bei lähmender, inaktiver Ungewißheit.

Die hohen Offiziere waren bald nach unserer Ankunft wieder verschwunden, niemand war zu finden, der Auskunft geben konnte. Aber die vielen Menschen versuchen nun, sich in Gesprächen über das zu Erwartende einen Vers zu machen. Und dabei passiert es natürlich, daß vorsichtige Vermutungen des einen der Zuginsassen von nächsten geglaubt, vom dritten aufgenommen und verbreitet werden. Man hört immer neue Gerüchte, eines abenteuerlicher als das andere, die man alle schnell wieder vergessen kann. Aber eines der Gerüchte hält sich hartnäckig. Ein Teil von uns soll noch weiterfahren.

Endlich, eines Morgens, treffen Beauftragte mit Listen ein, es fahren viele Lastautos in die Nähe des Bahnsteiges. Man ruft Familiennamen auf. Die so Aufgerufenen packen glücklich ihre Koffer und leiten dann das Umladen der Möbel aus den Güterwagen in die Lastautos. Unser Name wurde nicht aufgerufen. Schnell erkennt man, daß die Aussteiger zu drei technischen Gruppen gehören. Es sind das die Fertigungs-Ingenieure, die Steuerungsleute, unter ihnen unsere Bekannten Hoch und Magnus, und schließlich auch die Triebwerksleute, speziell die Ingenieure für die Prüfstände. Als das Aussteigen, das Umladen und Fortfahren vorbei sind, bleibt uns enttäuscht Zurückgebliebenen nur noch zu mustern, wer zur Restbelegschaft gehört. Das sind die Mitarbeiter aller wissenschaftlichen Abteilungen, das sind die Konstrukteure, und das sind schließlich auch die erst später einsetzbaren Spezialisten für die Flugerprobung.

Und das Gerücht kommt auf, daß wir auf eine Insel gebracht werden sollen. Ich bin enttäuscht und tief deprimiert, irgendwo fern von Moskau arbeiten und wohnen zu müssen. Denn auf unserer langen Reise war uns schon beim Schauen durch die Eisenbahnfenster der große Kontrast zwischen dem Umland und der Stadt klar geworden. Ich konnte nun allzu gut begreifen, daß für die Athener des Altertums eine Verbannung aufs Land als schlimmste Strafe nach der Todesstrafe galt.

Nach wenigen Tagen aber kommen die beiden Obersten Korolow und Pobjedonoßzew zurück an den Zug. »Ja, die Insel, zu der Sie fahren werden, liegt im Seligersee, im Norden«, erklärt der eine. »Nur zwei Flugstunden von Moskau entfernt«, ergänzt der andere. Schon keimt das schwache Hoffen, doch ziemlich schnell vom Arbeitsort in die Hauptstadt gelangen zu können. »Sie werden auf der Insel gut arbeiten können«, sagt Herr Pobjedonoßzew. »Gibt es denn dort Laboratorien und Bibliotheken?« frage ich. Die beiden lachen verneinend. »Aber Sie brauchen doch zum Arbeiten nur Papier und Bleistift!« höre ich. Dem widerspreche ich aber sehr temperamentvoll, ich bemühe mich, in Moskau bleiben zu können. Mein Postulat: »Ich kann ohne Kontakt mit Windkanälen und Bibliotheken auf die Dauer nicht arbeiten«, unterstützt Herr Gröttrup, der hinzugekommen ist. Er selbst wird in Moskau wohnen und arbeiten. Aber alle meine Argumente, meine Proteste, sie bleiben ohne Wirkung. Auf der Gegenseite blockiert der stärkere Wille, denn entschieden war schon, es wird nichts geändert. Die hohen Herren verschwinden bald wieder. Und mich Zurückgebliebenen tröstet eines der Posten stehenden, deutschsprechenden Mädchen, mit dem ich während der Tage unseres Wartens ab und zu ein paar Worte gewechselt hatte. Als sie nun von meiner Enttäuschung hört, ruft sie: »Aber die Insel ist sehr schön, ich habe dort einmal Urlaub gemacht.« Die Blondhaarige lacht freundlich.

Schließlich, viele Tage waren mit dem Warten im Zuge auf diesem Abstellgleis vergangen, spürten wir an einem Ruck, der klirrend durch alle Wagen weiterlief, daß eine Lokomotive angekuppelt wurde. Und bald rollte der Zug durch Vorortsiedlungen und schwenkte in einiger Entfernung von der Stadt zur nördlichen Richtung. Kurz vor der Abfahrt war uns zum ersten Male russisches Geld ausgezahlt worden. Ich bekam 5000 Rubel als Reiseentschädigung. Im Wartesaal der Stadt Kalinin kaufte ich für das Töchterchen eine Tafel Schokolade für vierzig Rubel.

Wieder gab es eine Nachtfahrt. Am frühen Morgen des nächsten Tages, die Sonne war schon am ganz wolkenlosen Novemberhimmel aufgegangen, sahen wir in der Ferne das helle Licht eines großen Sees. Der Zug fuhr schnell im weiten Bogen auf eine Stadt am Ufer zu. Das ist Ostaschkow. Helle Türme und Zinnen sowie Häuser mit blaßroten Ziegeldächern leuchten aus buschigen herbstlichen Waldflächen. Der Anblick aus der Ferne läßt diese Stadt, in der etwa zwanzigtausend Menschen leben, bedeutender erscheinen, als sie sich aus der Nähe bietet. Als wir angekommen und ausgestiegen sind, gehen wir über breit angelegte, aber meistens noch ungepflasterte Straßen, eingefaßt von

Alleen mit herbstfarbenen Laubbäumen. Ihr verblichenes Grün, ihr Gelb und Rot strahlt im Lichte des Morgens. Hinter den Baumreihen die kleinen, häufig nur einstöckigen Holzhäuser. Die weitflächigen Klosterbauten, die mit ihren Türmen die Stadt aus der Entfernung so reizvoll zieren, sind ziemlich zerfallen.

Als äußersten Endpunkt unserer Landreise erreichen wir schließlich das umzäunte Hafengebiet. Am Ufer einfache Befestigungen mit Brettern und Pfählen. Ein kleines Schiff liegt unter Dampf. Dahinter ein großer Schleppkahn. Ansonsten nur noch einige Fischerboote am Kai. Wieder helfen uns Soldaten, das Umzugsgut in den Schleppkahn zu frachten. Dabei hat es keine Eile. Denn wir Deutschen sind schon bedeutend ruhiger und gelassener geworden. Weshalb sollte man auch drängeln, damit des einen Möbel eher als die des anderen verladen werden? Außerdem zeigt sich auch so etwas wie gedämpftes Frohsein. Denn endlich, endlich wird diese lange Reise zu Ende gehen. Jeder Wechsel heraus aus dem Unbequemen wird uns willkommen sein. Aber dieses Gefühl wird bald wieder durch Unsicherheit überschattet. Jeder fragt sich: Was wird uns drüben erwarten auf der Insel? Alle Gespräche der am Kai in vielen Gruppen Stehenden drehen sich um dieses Thema.

Schließlich, es ist später Nachmittag geworden, als jeder seinen Platz auf dem Dampfer eingenommen hat. Alle Möbel und Kisten sind im Lastkahn verschwunden. Jetzt stößt der Dampfer mit langsamem Keuchen geballte Wolken schwarzen Rauches hervor. Im Rhythmus der Maschine erbebt das Deck. Die Heckschraube quirlt schäumend das Wasser. Der Kai gleitet zurück. Sandige Gestade säumen das Ufer. Unser Schleppzug begegnet heimkehrenden Fischerbooten, die mit dem Andrängen seiner Wellen zu schaukeln beginnen.

Der Wind ist eingeschlafen. Auf dem ruhigen Wasser

spiegelt sich leichtes Himmelsgewölk. Weit und still ist dieser große See. Bald sind alle seine Ufer zu dünner, blauer Linie geschrumpft. Und schon werden die Kinder müde. Die Jüngsten schlafen in den Armen der Eltern. Kühl ist es geworden. Lange noch zieht der Dampfer seine Bahn. Dann liegt unter dem Himmel des frühen Abends die Insel vor uns. Sie ragt lang und flach aus dem Wasser, ein einziges Waldgebiet mit dichtstehenden Kiefern und Fichten. Beim Näherkommen werden sie nicht deutlicher, denn die Sonne ist untergegangen, und Dunkelheit fällt über den See. Es ist Nacht geworden, als der Dampfer mit seiner Breitseite am nördlichen Pier, markiert durch wenige trübe Lampen, sanft anstößt. Schnell wird ein Tau um hölzerne Dalben geschlungen, ein Steg gelegt. Die Passagiere können aussteigen. Wir betreten die Insel, am Ufer empfangen von geschäftigten Verwaltern. Sie rufen nach Listen unsere Namen auf und geleiten uns über schmale Wege durch niedrigen Wald zu Häusern, in denen für uns Wohnungen vorbereitet sind. Liddy bekommt ein Einzelzimmer in einem Holzhaus zugewiesen. Ein älterer Russe im schwarzen Mantel und mit schwarzem Fellkäppi, der sich als Sibilew vorstellte, hat die Familie Albring zu einer kleinen Dreizimmerwohnung mit Küche geführt, das Quartier Nummer 9 im Erdgeschoß des Hauses 9. Man hat schon vorgewärmt. Der eingemauerte Ofen strahlt wohlige Wärme. Am gleichen Treppenzugang, uns gegenüber, wohnt Dr. Zeise, der Thermodynamiker, und über uns wohnt mit seiner Familie der Dresdener Professor Frieser.

Die erste Nacht verbrachte ich zusammen mit einigen Kollegen am Pier. Wir wollten unsere Möbel, die noch im Lastkahn lagen, bewachen. – Als endlich die Morgensonne unsere Terra incognita beschien, da fand ich mich auf einem landschaftlich malerisch schönen Flecken unserer Erde. Ringsum Wasser, in der Ferne andere bewaldete Inseln. Von einer der nächsten leuchten hellweiße Gebäude, das größte mit Kuppel, an eine morgenländische Moschee erinnernd. Auf der eigenen Insel finden wir in lockerer Siedlung zehn zweistöckige Wohnhäuser vor. Meistens sind es Holzbauten. Dazu wenige Gebäude der Verwaltung, ein Restaurant, ein Magazin. Als Magazin benennt man hier den Universalkaufladen.

Herr Dr. Wolff, der nicht weit von uns entfernt wohnt, hat mit seinen vielen Büchern auch ein enzyklopädisches Lexikon, den großen Brockhaus, mitgebracht. Und wir schlagen nach, was dort unter Seligersee zu lesen steht: See auf der Waldaihöhe, 260 Quadratkilometer groß mit vielen Inseln. Fließt durch die Selischarowka zur oberen Wolga ab. – Später haben wir unsere Kenntnisse durch das Studium russischer heimatkundlicher Werke erweitert und wissen dann, daß die erste Stadt im Gebiet des Seligersees auf der Nachbarinsel Klitschen gelegen hatte. Sie war aber schon im Jahre 1393 zerstört worden. Der Name der heutigen Kreisstadt Ostaschkow leitet sich her vom Namen Eustachius (russisch Jewstafij), vom Volksmund in Jestaschka und später in Ostaschka abgewandelt. Was mir wie eine morgenländische Moschee auf der Nachbarinsel erschienen war, das ist das Kloster Nilowa Pustin. Bis zum Jahre 1528 war die Insel unbewohnt geblieben. Dann ließ sich dort der als heilig angesehene Eremit Nil nieder. Er lebte 28 Jahre auf dem Eiland. Im Jahre 1594 wurde das Kloster gegründet, das sich bald zum Wallfahrtsort entwickelte.

Unsere Insel ist etwa vier Kilometer lang und ein bis zwei Kilometer breit. Die hohen kräftigen Kiefern- und Fichtenbäume in den Wäldern scheinen mehr als hundert Jahre alt zu sein. Man sieht von den Laubbäumen nur wenige der weißstämmigen Birken. Die Eichen und die Buchen entwikkeln sich wegen der weit nördlichen Lage der Insel nur noch zu Sträuchern. Denn die Insel liegt auf der gleichen geographischen Breite wie Jütland, die Nordspitze Dänemarks. Wir entdecken auf unserer Insel einen von Wäldern eingefaßten Binnensee. Darauf wieder ein baumbestandenes Inselchen. Obwohl unser Land klein ist, weist es doch zur Freude aller Wintersportler große Höhenunterschiede auf. Die Skiläufer sehen sich schon auf Steilabfahrten zum Binnensee heraubsausen.

Wir machten uns daran, uns in den drei Zimmern unserer Wohnung einzurichten. Nur wenige Möbel haben wir mitgebracht. Denn wir hatten im Kriege geheiratet, und zu jener Zeit gab es keine Möbel zu kaufen. Wir können aber unsere Einrichtung ergänzen durch Ausleihen von Betten und kleinen Schränken aus dem Lager der Inselverwaltung. Andererseits konnten Familien, die zu viele Möbel auf die Reise mitgenommen hatten, diese in einem Speicher deponieren.

Unter solchen Arbeiten war es inzwischen später Herbst geworden. Ein trüber Himmel drückte seit Tagen auf unsere kleine Welt. Längst schon hatte der Wind alle Blätter von den Pappelbäumen und den niedrigen Hecken vor den Häusern gerissen. Das Gras, ausgedorrt und fahl, ist zu Boden gepreßt. Ich denke, wer ein Bild von unserer Siedlung wiedergeben wollte, der müßte nicht mit Stift zeichnen, sondern er müßte mit Farben malen. Aber das nur deshalb, um zu zeigen, daß eigentlich alle kräftigen und frischen Farben fehlen und nur Grau- und Brauntöne existieren. Auch der große See liegt blaß eingetrübt. Unruhige Wellen klatschen zum seichten Ufer. Das ferne Land verschwimmt in Nebeln.

In welch endloser Entfernung, unerreichbar weit fort, leben meine Eltern, leben meine Geschwister, im fernen Deutschland. Wir hier fühlen uns wie die schon Abgeschiedenen in einer anderen Welt, in einem klein gewordenen Raum ganz alleingelassen.

Solches Denken bedrückte mich auf ersten, einsamen Spaziergängen über die Insel. Aber sobald ich wieder in Gemeinschaft mit der Familie oder mit den Arbeitskollegen bin, ist aller Trübsinn fortgeblasen. Denn es gibt jetzt zu viele Anforderungen, um das tägliche Leben zu bestehen. Und dazu braucht man vor allem Optimismus.

Wir lernten es bald, im Walde Holz zu schlagen. Denn die Belieferung mit Brennmaterial war noch ungeregelt. Anfangs versuchten wir uns schüchtern an ganz kleinen Nadelbäumchen von kaum zehn Zentimetern Durchmesser. Doch das war uneffektiv. Das Produkt langen Mühens war viel zu schnell wieder verbrannt. Zusammen mit Gertrud und Liddy wagten wir uns im beginnenden Winter an die ganz großen Bäume mit einem halben Meter Durchmesser. Wir fällten sie mit einer großen Säge. Zuerst spähten wir aus, ob der Baum etwas geneigt oder gekrümmt gewachsen war. Wenn sich in Richtung dieser Neigung freies Feld bot, der Baum sich nicht beim Niederfallen in Nachbarbäume verfangen würde, dann sägten wir an der abgewandten Seite einen Horizontalschnitt, etwa bis zur Stammitte. Nun mußte die Säge etwas höher zu einem zweiten Schnitt geführt werden. Dieser war unter einem Winkel von 45 Grad geneigt angesetzt, um das Ende des ersten, des Horizontalschnittes, in Baummitte zu treffen. Kurz bevor wir diese Stelle erreicht hatten, begann der Baum zu krachen, sich zu neigen, und dann sauste der Wind durch seine niederstürzende Krone, bis der Stamm dumpf auf den Boden schlug. Sogleich ging die Arbeit weiter. Wir trennten Äste und Zweige mit einem Beil vom Stamme und zersägten ihn in Stücke von 60 bis 80 Zentimeter Länge. Packten das Holz auf Schlitten und zogen die Fracht durch den tiefen Schnee heimwärts. Auf dem steinernen Podest vor dem Hause spaltete man mit der Axt das Holz in Scheite, aber erst, nachdem das Holz einige Tage gelegen hatte und alle Feuchtigkeit zu Eis erstarrt war. Dann gelang das Spalten leicht. Auf diese Weise konnte man mit einem Tag Baumfällen und mit einigen Abenden Holzspalten den Brennvorrat für ein paar Wochen gewinnen. In späteren Wintern bekamen wir aber Brennholz geliefert.

Die Zimmeröfen sind eingemauert. Man heizt am Morgen etwa nur eine Stunde lang und läßt dann das Feuer verlöschen. Die Mauersteine des Ofens haben viel Hitze aufgenommen, die im Laufe des Tages bis zur Zimmerwand kriecht und reichlich Wärme abstrahlt. Bald nach dem Erlöschen des Feuers legt man die Holzscheite, die am nächsten Tag brennen sollen, in den Ofen. Sie werden bis zum Anzünden gut ausgetrocknet sein. Dicke Außenmauern der Häuser und die Doppelfenster verhindern das Eindringen von Kälte. Zu Winteranfang verklebt man alle Fensterfugen mit Zeitungspapier. Zum Lüften benutzt man während der kalten Zeit nur eine handbreite Fensterklappe, Fortitschka genannt.

Während der ersten Inselwochen wurde für die Deutschen die Hauptmahlzeit im Restaurant serviert. Nach russischem Brauch nimmt man das Mittagessen nach 16 Uhr ein. Die Tage waren schon recht kurz geworden. Im Dunkeln verließen wir das Speisehaus zum Heimgehen.

Die kleine dreijährige Katrin wundert sich und fragte: »Mutti, wann ist hier eigentlich Nachmittag?«

In den ersten Tagen, als die Möbel aufgestellt, alle Transportkisten ausgepackt waren, wir uns eingerichtet hatten, war frühmorgens Herr Gröttrup, dessen Wohnsitz in Moskau lag, begleitet von seiner Frau und von Oberst Pobjedonoßzew, auf der Insel eingetroffen. Die Abteilungsleiter wurden zu einer Sitzung beordert. Herr Gröttrup präsidierte am langen Tisch aus rohem Holz. Rechts von ihm saß der Oberst. Die erste Frage von Herrn Gröttrup an den Offizier lautete: »Wie heißt die Insel?« Jetzt erst erfuhren wir den Namen: »Gorodomlia«. Auf unserer Tagesordnung standen vorwiegend Fragen, wie die Bedürfnisse der Inselbewohner befriedigt werden konnten. Denn die Versorgung mit

Lebensmitteln, mit Heizmaterial und mit Elektroenergie stellte noch manche ernsten Probleme.

Der Oberst Pobjedonoßzew lachte herzlich, als er erfuhr, daß wir unseren Thermodynamiker, den Theoretiker, der allen praktischen Problemen abhold war, wegen fachlicher Zuständigkeit zum Chef der Brennmaterialversorgung unserer Haushalte ernannt hatten.

Natürlich wurde auch jetzt sehr dringlich eine Antwort auf die Frage nach unserer staatsrechtlichen Stellung, also von uns Spezialisten und unseren Familien, verlangt. Denn mit großem Unbehagen hatten wir bemerken müssen, daß schadhafte Stellen eines die ganze Insel umspannenden Stacheldrahtzaunes eilig ausgebessert wurden. Man bedeutete uns nun, wir sollten die Insel nicht verlassen, solange wir noch keine Pässe hätten. Aber wir haben auch in späteren Jahren unseres Aufenthaltes niemals einen Paß erhalten. Nicht nur zu den seltenen Dienstreisen nach Moskau, sondern auch zu den Einkaufsfahrten von Lebensmitteln nach Ostaschkow gab es nur ein einfaches Dokument mit Foto und der Aufschrift, daß der Dargestellte den angegebenen Namen führe. Gestempelt von der russischen Inselverwaltung. Das war ein Interims-Ausweis, aber kein Paß.

Der Oberst Pobjedonoßzew hatte meine in Moskau so nachdrücklich geäußerten Wünsche nach Kontakt mit Experimentatoren und Zugang zu Bibliotheken nicht vergessen. Er lud mich ein, für eine Woche mit nach Moskau zu fahren. »Ich werde Sie bei ZAHI und bei der Lenin-Bibliothek einführen.«

ZAHI bedeutet Zentrales Aerodynamisches und Hydrodynamisches Institut. Also konnte ich dann zusammen mit dem Oberst, dem Ehepaar Gröttrup und mit meiner Frau, die einen Arzt konsultieren wollte, die Reise nach Moskau antreten. Schwägerin Liddy zog indessen in unsere Wohnung und versorgte das Töchterchen.

In Moskau mußte ich mich schließlich damit abfinden, daß trotz meines Drängens gar keine Anstalten gemacht wurden, mich in das Aerodynamische Institut und in die Lenin-Bibliothek zu führen. Unser Aufenthalt in Moskau, der zuerst nur eine Woche hatte dauern sollen, dehnte sich auf drei Wochen aus. Mir wurden immer aufs neue Besuchstermine in Aussicht gestellt, die dann regelmäßig wieder verschoben wurden, bis ich endlich erkannte, daß überhaupt nichts daraus werden sollte. Vermutlich war noch im Jahre 1946 den Deutschen jeder Zutritt zu diesen Institutionen versperrt.

Ich hatte auch bemerkt, daß unseren in Moskau angesiedelten deutschen Kollegen noch kein experimentelles Arbeiten ermöglicht worden war. Die Fertigungsleute, die Triebwerkspezialisten, aber auch die Steuerungsleute mit Hoch und Magnus an der Spitze, sie alle mußten sich auf die Schreibtischarbeit beschränken. Sie projektierten Prüfstände und Laboratorien. Damals lernte ich auch Herrn Dr. Umpfenbach kennen, der bisher als Leiter der Prüfstandsgruppe in Lehesten, nicht weit entfernt von Bleicherode, gearbeitet hatte. Dr. Umpfenbach explizierte mir eine sehr interessante Idee, den Antrieb der Flüssigkeitspumpe betreffend, die den Treibstoff in den Verbrennungsraum des Raketenmotors preßt. Beim alten A4-Triebwerk wird die Pumpe von einer Turbine angetrieben, die ihrerseits mit Wasserstoffsuperoxyd als Treibstoff arbeitet. Dieses Antriebs-Aggregat wollte Dr. Umpfenbach durch eine Verbrennungsturbine ersetzen, die durch Gas beaufschlagt wird, das aus dem Verbrennungsraum der Rakete entnommen wird.

Alle unsere Moskauer Kollegen wohnten mit ihren Familien in schönen Ferienheimen am Rande der großen Stadt. Von dort aus brachte man sie täglich in Werkautobussen zur Arbeit. Meine Frau und ich, wir wohnten als Gäste im Haus

Walentinowka. Dort lebten auch die Kollegen Hoch und Magnus mit ihren Familien. Das Haus lag inmitten eines umzäunten Parks. Keiner der dort wohnenden Deutschen hatte schon Moskaus Innenstadt gesehen. Aber für uns beide, die wir nur eine Woche in Moskau bleiben sollten, organisierte man einen Stadtbummel mit Begleitung. Wir fuhren mit einer elektrischen Schnellbahn, man kann sie mit der Berliner S-Bahn vergleichen, bis an den Stadtrand zu einem sehr großen Platz, an den die großen Bahnhöfe grenzen mit Zügen nach Leningrad, nach Jaroslawl und nach Kasan. Dort stiegen wir um in die Metro. Deren Bahnhöfe sind architektonisch großzügig angelegt und mit Marmorwänden, Treppen und Säulen geschmackvoll ausgeführt. Ich hatte Moskau mit größter Spannung erwartet. In den letzten zwanzig Jahren hatte man in Deutschland viel Widersprüchliches über Moskau und Rußland gehört. Alles Berichten war durch die politische Herkunft der Schreiber oder der Sprecher gefärbt gewesen. Und das Bereisen Rußlands war schon zu Friedenszeiten nicht einfach gewesen.

Nun schaute ich sehr aufmerksam auf alles in meiner Umgebung, auf die Menschen in der Metro, auf den Straßen, im Restaurant. Es waren typische Großstädter. Arbeiter, Angestellte, Intellektuelle. Auf allen Straßen der Innenstadt, die breit und großzügig geführt sind, viel Autoverkehr. Ich sagte mir, wenn man einen Westeuropäer mit verbundenen Augen hier absetzen würde und ihn, nach Abnehmen der Binde, fragte, in welcher Stadt er sich wohl befände, so würde er manchen Städtenamen Westeuropas durchgeraten haben.

Und es gab auch in dieser Stadt viele Dinge zu kaufen. Im großen Kaufhaus konnte man manches wieder erstehen, was man sich im Kriege hatte abgewöhnen müssen, von der Zahnpasta bis zu den Schuhen, vom Kinderspielzeug bis zu den Kleiderstoffen. Zwar war alles noch ziemlich teuer, dennoch freuten wir uns, dieses als erste Vorboten einer friedlichen Wirtschaft zu erleben.

Als architektonisches Juwel bietet sich die bezaubernde Kathedrale Wassilij Blageni am Rande des Roten Platzes, unweit vom Kreml, der Moskauer Burg.

Zurückgekehrt ins Haus Walentinowka, konnten wir unseren deutschen Kollegen, die selbst noch nicht draußen gewesen waren, viel von der Stadt erzählen, in der sie wohnten und arbeiteten.

Aber auch für uns sollte es mit einem ersten und einzigen Besuch sein Bewenden haben. Das war durchaus nicht in unserem Sinne. Unbekümmert, wie wir es als junge Leute waren, meine Frau und ich, stiegen wir heimlich über den Zaun von Walentinowka und machten allein Stadtausflüge. Damals sprachen wir noch kein Wort Russisch. Doch half man uns überall in freundlichster Weise beim Einkaufen. Einen Pelzmantel und kleine Filzstiefel brachten wir dem Töchterchen in Gorodomlia mit.

Bei der Rückreise, schon in Ostaschkow angelangt, erwartete uns am Bahnhof ein Fahrer mit großem Schlitten, den zwei kleine, struppige Pferdchen zogen. Ja, es lag dort schon ziemlich viel Schnee, es war auch recht kalt geworden. Wir luden unsere Koffer auf die Ladefläche des Schlittens, setzten uns selbst dazu, und schon glitt das Gefährt zum See, zum Ufer und von dort aus geradlinig weiter auf die Insel zu. Der See war tief zugefroren und ganz zugeschneit. Daheim weinte unser kleines Mädchen vor Freude, als es die Eltern wiedersah.

Auf Gorodomlia empfand ich den Unterschied im Lebensniveau zu unseren Moskauer Kollegen besonders stark. In Moskau lebte man wie ein moderner Stadtmensch in einem Ferienheim, auf Gorodomlia lebte man wie die ersten Siedler auf einem neuen Kontinent.

»Bitte, bauen Sie uns eine gute Rakete«

Der Winter war mit strengem Frost und viel Schnee eingefallen. Doch bald hatte starker Wind den Himmel wieder zu hellem Blau freigewischt. Wenn ich jetzt morgens zur Arbeit gehe, vergoldet die noch tiefstehende Sonne alle Stämme der mächtigen Kiefern. Wir tragen blaugraue Wattejacken und Hosen, gesteppt wie die Bettdecken, und auf dem Kopf große Pelzmützen. Gearbeitet wird in zwei kleinen, einstökkigen Holzhäusern. In einem wirken die wissenschaftlichen Abteilungen, in anderen schaffen die Konstrukteure.

Mein Weg von der Wohnung zur Arbeitsstelle ist nicht lang. Überhaupt braucht kaum jemand mehr als zehn Minuten für den Arbeitsweg. Vor der Arbeitsstelle angekommen, stapfe ich den Schnee von meinen Filzstiefeln, wir sagen Walinkis. Drinnen im Flur säubere ich weiter mit einem bereitliegenden Strohwisch. Zeige dann dem Posten stehenden blonden Bauernmädchen, das ebenso wie ich in wattierte Kleidung gemummt ist, den Ausweis, wir sagen hier, den Propusk. Und obwohl sie mich, wie hier jeden anderen, schon sehr genau kennt, ohne Ausweis würde sie niemanden hineinlassen.

In meinem winzigen, sehr einfach möblierten Zimmer ist es warm. Ich setze mich an den kleinen Schreibtisch. Und die angekündigten Arbeitsmittel »Papier und Bleistift« sind vorhanden. Doch haben wir uns das Schreibpapier selbst auf passendes Format aus großen Rollen braunen Packpapiers zurechtschneiden müssen. Die Versorgung mit Gebrauchsgütern läuft nach dem Kriege erst langsam an. Die strengen Entwicklungstermine für unsere Arbeit müssen eingehalten werden; deshalb mußten wir diese einzige in der Provinz erhältliche Papiersorte verwenden. Auch das elektrische Licht bedeutet keine Selbstverständlichkeit. Anfangs steht in der Energiestation am Ufer des Binnensees, der Elektrostanzia, nur eine uralte Lokomobile, also eine mit Holz gefeuerte Dampfmaschine, die einen ebenso alten Elektrogenerator dreht.

In den Wohnungen schwankt bisweilen die elektrische Spannung ganz heftig. Und die deutschen Familien werden recht böse, wenn abends das Licht abgeschaltet wird, weil das Netz überlastet ist oder weil sich die alte Lokomobile wieder einmal eine Panne leistet. In späteren Jahren waren solche Sorgen vergessen, ein starker Dieselmotor trieb einen modernen Elektrogenerator an.

Anfangs war auch der Sonntag kein Tag der Muße gewesen. Da die Belieferung des staatlichen Ladens auf der Insel nicht ausreichte, mußten wir uns mit teuren Lebensmiteln auf dem freien Markt, dem Bazar von Ostaschkow, versorgen. Am frühen Sonntagmorgen zog ich zusammen mit Liddy, in Gemeinschaft vieler anderer Einkäufer, über das Eis des zugefrorenen Sees hin zur Kreisstadt Ostaschkow. Die noch leeren Schlitten tanzten an den Zugbändern. Die Wanderung dauerte länger als eine Stunde.

In Ostaschkow boten die Bauern reichlich Butter, Fleisch, Milch und Eier an. Wir kauften alles Nötige für die nächste Woche ein. So gute Milch wie hier auf dem Lande hatten wir Westeuropäer überhaupt noch nicht getrunken. Sie war noch durch keine Zentrifuge geschleudert worden, sie enthielt allen Rahm, der sich an der Oberfläche als fingerdicke, gelbbraune Schicht absetzte.

Gegen Mittag zog die Einkaufskarawane zur Insel zurück. Alle Kollegen schleiften ihre schwerbefrachteten Schlitten, und kaum jemand hatte einen Blick frei für die bezaubernde Landschaft. Die Sonne bestrahlte die weite Schneefläche. Man konnte sich in diesem blendendem Licht vorstellen, durch eine arabische Sandwüste zu wandern, und die im morgenländischen Stil gebauten Kirchen von Ostaschkow und das Nilkloster, sie wurden in meiner Phantasie zu arabischen Moscheen. Aber der Sonntagnachmittag daheim, er wurde dann zu einer besonders erholsamen Ruhepause.

Schon in den allerersten Wochen unseres Insellebens gründeten wir eine Schule auf Gorodomlia. In den Familien gab es Kinder aller Altersklassen, von den Schulanfängern bis zu den sechzehnjährigen Oberschülern. Der russische Verwaltungsdirektor stellte als Schulgebäude ein kleines Blockhaus zur Verfügung. Das Lehrpersonal mußten wir aus unseren eigenen Reihen sammeln. Das Besetzen von mathematisch-physikalischen Fächern gelang in unseren Kreisen natürlich problemlos. Doch gab es auch keinen Mangel an Bewerbern für biologisches, für geisteswissenschaftliches und für musisches Lehren. Dr. Wolff erteilte den Biologieunterricht, Professor Frieser war zuständig für die musikalische Ausbildung, die vom aktiven Singen für Solisten und Chor bis zur Kompositionslehre reichte. Professor Klose, früher Ordinarius für Mathematik, fünfzigjährig, ein lebensfroher und geistvoller Mensch mit blanken Augen und grauen Haaren, der auch im Gesellschaftsanzug wie ein Naturbursche aussah, Leiter einer Berliner Raketengruppe, der mit seinen Mitarbeitern Dr. Schulz und Herrn Siegmund zu uns gestoßen war, er gab den Deutschunterricht. Dr. Magnus, dunkelhaarig, dennoch Typ des germanischen Gottes Baldur, arbeitete als Turnlehrer. In ihn verliebten sich alle jungen Schülerinnen. Ich selbst trug griechische und römische Geschichte vor. Im Laufe der Jahre wurde jeder von uns Lehrern durch hauptamtliche, russische Lehrkräfte abgelöst.

Interessant war der Lehrplan der russischen Schulen, zu dem langsam unsere Schule einschwenkte. In der Anfängerklasse bleibt die Unterrichtssprache deutsch. Schon im zweiten Schuljahr müssen die sechs- bis siebenjährigen Kinder russisch als Fremdsprache erlernen. Ich hatte zunächst gar kein Zutrauen zu solcher Methode, mußte dann aber erstaunt einsehen, daß die Kleinen in diesem Alter recht aufnahmefähig für das Sprachenlernen sind. Sie fanden sich schnell und mühelos zurecht. Von der Mittelstufe ab wird russisch zur Unterrichtssprache aller Fächer. Das Deutsche mit Grammatik und Literatur wird als Fach »Heimatsprache« gepflegt.

In der Organisation der Arbeit und in der Leitungshierarchie hatte es in der Sowjetunion gegenüber der Arbeit in Bleicherode einige Veränderungen gegeben. Wieder hatte Herr Gröttrup den Plan entworfen. Er selbst führte nun die Amtsbezeichnung Hauptkonstrukteur. Sein Amtssitz lag zu Anfang in Moskau. Zum Stellvertreter auf Gorodomlia hatte er den Dr. Wolff, den Leiter des Sektors Ballistik, bestimmt. Beim Sektor Thermodynamik war 1947 Dr. Zeise als Leiter zurückgetreten. Der Sektor wurde seit April 1947 von Professor Pauer, früher Ordinarius für Wärmewirtschaft an der Technischen Hochschule in Dresden, geführt. Im Frühjahr 1947 waren viele der bis dahin in Moskau arbeitenden Kollegen auf die Insel übersiedelt worden, auch der Steuerungssektor mit Hoch und Magnus.

Die Konstrukteure hatte man auf zwei Sektoren verteilt. Der Sektorleiter Diplomingenieur Blass übernimmt alle Arbeiten an der Raketenzelle und am Triebwerk, der Sektorleiter Architekt Jaffke konstruiert mit seinen Mitarbeitern die Prüfstände. Dr. Hoch ist Sektorleiter bei den Steuerungsleuten, Dr. Magnus bleibt sein wissenschaftlicher Mitarbeiter. Herr Hoch konzentriert jetzt alle Arbeit auf die Entwicklung eines Bahnenmodells. Das ist ein elektrischer Analogrechner, mit dem das schwingungsfähige Gebilde Rakete plus Steuerung auf der Flugbahn modellmäßig nachgebildet wird. Professor Schütz, ein Physiker, der von der

Universität Königsberg gekommen war, ist Sektorleiter bei den Meßtechnikern. Unter seinen Mitarbeitern findet man den Dr. Coermann, den Instrumentenbauer, den Physiker Dr. Schmidt und den Astronomen Dr. Hoppe. Erich Apel steht an der Spitze der kleinen Werkstätten. Apel war als junger Mann Assistent beim Betriebsleiter der Breslauer Fabrik Linke-Hoffmann gewesen, die Bauteile für die A 4 produziert hatte.

Apel ist ein sehr geschickter Organisator mit diplomatischen Fähigkeiten. Nach Rückkehr des Kollektivs in die DDR stieg er bald in Berlin auf zum Minister für Maschinenbau und zum stellvertretenden Ministerpräsidenten. Ich selbst leitete den Sektor Aerodynamik und Projekt. Zu den Mitarbeitern, die schon in Bleicherode dabei waren, ist auf eigenen Wunsch Professor Frieser hinzugekommen, denn für sein vertrautes Fachgebiet, die wissenschaftliche Fotografie, die Disziplin zur Erforschung und Weiterentwicklung fotografischer Methoden, fand er hier auf Gorodomlia keine Betätigungsmöglichkeit; hinzugekommen ist auch Dr. Hammer, ein freundlicher, grauhaariger Mathematiker, ehemaliger Studienrat.

An der Spitze der Inselverwaltung einschließlich ihres technisch-wissenschaftlichen Bereiches stand der russische Direktor, Herr Suchonlinow, ein erfahrener Verwaltungsmann, stämmig, kahlköpfig, schweigsam, eine Respektsperson. Ihm zur Seite steht als technischer Fachmann der russische Hauptingenieur, und darunter in der hierarchischen Pyramide der deutsche Hauptkonstrukteur. Das Amt des Hauptingenieurs übte anfangs der erste russische Ingenieur aus, der auf die Insel gekommen war, ein junger Mann, Hochschulabsolvent, Herr Bosch-Kozjubinski, 1,90 Meter groß, ein Blondschopf, nicht älter als 25 Jahre, sehr intelligent, sehr versiert in technischen Dingen, aber auch ehrgeizig. Er sprach vorzüglich deutsch. Doch selbst mit allen diesen positiven Eigenschaften wird ein junger Mann stets überfordert sein, wenn er unmittelbar nach Beendigung seines Studiums an die Spitze eines Kollektivs älterer, erfahrener Praktiker gestellt wird, auch dann, wenn er bescheiden erklärt, er wolle von uns nur lernen. Der junge Mann ist ein Enkel des berühmten ukrainischen Schriftstellers Kozjubinski (1864–1913).

Unser ganzes Inselkollektiv gehört zum Moskauer Wissenschaftlichen Institut Nummer 88, mit dem Leiter General Gonor und dem Hauptingenieur Oberst Pobjedonoßzew. Durch diese Organisationsform war die Selbständigkeit des Herrn Gröttrup und des deutschen Kollektivs, die in Bleicherode bestanden hatte, vollständig verlorengegangen.

Anfangs noch hatte sich Gröttrup bemüht, diese Unabhängigkeit zu erhalten, und, wie es damals in den Bleicheroder Zentralwerken der Fall gewesen war, alle Abteilungen, angefangen beim Projekt über die Konstruktion, den Musterbau bis zur Flugerprobung, unter seiner Leitung zusammenzufassen. Denn er urteilte ganz nüchtern, daß, wenn sein Einfluß sich nur auf Projekt und Konstruktion beschränken würde, sein Arbeitsanteil gegenüber dem der parallel und nachfolgend arbeitenden russischen Bereiche, besonders gegenüber der Fertigung und der Flugerprobung, verkleinert erscheinen würde. Aber es blieb ihm keine Wahl, er mußte sich einfügen.

Inzwischen war der erste Insel-Sommer herangekommen. Alle technischen Abteilungen waren aus den kleinen Blockhäusern in das größere, zweistöckige, gemauerte Institutsgebäude umgezogen. Ziemlich schnell nach unserer Ankunft, als es stark verfallen erschien, war es wieder hergerichtet worden. Aber mit den Bauhandwerkern in unserer fernen Provinz gab es manchen Ärger. Wasserwaage und rechter Winkel gelten nicht immer als das Maß aller Dinge. Ab und zu passierte es, daß in neu hergerichteten Räumen der ganze noch feuchte Deckenbelag nach unten klatschte, glücklicherweise ohne jemals einen Menschen zu verletzen.

An einem geruhsamen Sonntagnachmittag rief man mich aus meiner Wohnung zu einer Besprechung ins Institutsgebäude. Dort traf ich zusammen mit Dr. Wolff, Professor Pauer und Dr. Hoch. Herr Bosch-Kozjubinski, der Hauptingenieur, erwartete uns. »Der Minister Ustinow möchte sich mit Ihnen unterhalten«, eröffnete er. Der Minister sei mit einem Flugboot zum Seligersee gekommen. Im kleinen Sitzungszimmer stellte uns Herr Bosch-Kozjubinski dem Minister vor. Ein Mann im hellgrauen, leichten Sommeranzug, kaum älter als vierzig Jahre, das helle, volle Haar gescheitelt, begrüßte uns freundlich lächelnd. Neben ihm stand unser alter Bekannter, Herr Pobjedonoßzew, der nun die Uniform abgelegt hatte und salopp wie ein Tourist gekleidet war. – Ustinow leitete das Ministerium für Beschaffung. Er blieb ein Leben lang Regierungsmitglied. Später, in den siebziger Jahren, beförderte ihn der Staatschef Breschnew zum Marschall und ernannte ihn zum Verteidigungsminister.

Der Minister forderte uns an diesem Sommernachmittag auf, über den Stand der Arbeiten zu berichten. Das taten wir, Herr Bosch-Kojubinski übersetzte simultan. Die sowjetische Leitung schien schon damals die Absicht zu haben, Herrn Gröttrup als Leiter des deutschen Kollektivs durch einen anderen Deutschen zu ersetzen. Der Minister sagte: »Sie sind eigentlich ein Orchester ohne Kapellmeister.« Er fragte dann, wer Leiter werden sollte. Wir meinten, die Zusammenarbeit im Kollektiv sei doch recht gut, wir sähen keine Notwendigkeit, Herrn Gröttrup abzulösen. In diesem Sinne antwortete ich dem Minister, der die Frage an mich gerichtet hatte. Der Minister fragte mich dann nach persönlichen Wünschen. Ich beklagte mich über das Eingesperrtsein auf der Insel. Der Minister antwortete nur indirekt. Er fragte, ob er uns das Leben auf der Insel angenehmer machen könnte, wenn er von Moskauer Theatern Gastspiele vorführen ließe. Das war ein sehr verlockendes Angebot, ich aber sagte nach kurzem Überlegen nein, weil mir schien, daß das Jasagen indirekt ein williges Abfinden mit unserer Lage bedeuten würde. Rede und Gegenrede wurden im höflichen diplomatischen Ton gewechselt. Der Minister verabschiedete sich sehr freundlich von uns mit den Worten: »Bitte, meine Herren, bauen Sie uns eine gute Rakete, wir werden Ihnen sehr dankbar sein.«

Wieder nach Hause zurückgekehrt, der Weg dauerte kaum fünf Minuten, schlug ich meiner Frau vor, gleich mit mir zur nördlichen Anlegestelle zu gehen, zum nördlichen Pristan, sagte ich – wir hatten schon manche Lehnworte in unsere Sprache aufgenommen –, um uns das Wasserflugzeug anzusehen. Gertrud nahm die nun vierjährige Katrin an die Hand, ihr kleines, nur wenige Wochen altes Brüderchen schlief friedlich weiter in seinem Korbbettchen. Der Weg zum Pristan über den trockenen Sandweg, durch einen kleinen Wald von nun sommerlich duftenden Kiefern, war auch nicht weit. Und tatsächlich, hundert Meter vom Ufer entfernt, lag ein großes Flugboot. Typ Consolidated »Catilina«, meinte ich. Herr Bosch-Kozjubinski erzählte mir am nächsten Tag, das sei kein amerikanisches, sondern ein in der Sowjetunion gebautes Flugzeug. Schon vor dem Kriege wurde dieses Flugzeug in der Stadt Taganrog mit der Typenbezeichnung GST (Gidro Samalot Transportni) in Serie gefertigt.

Wir hatten uns an eine höher gelegene Stelle des Waldrandes gesetzt. Eine kleine Gruppe von Spaziergängern gesellte sich zu uns. Alle schauten zum Flugboot, das auf dem heute ganz wellenlosen See schwamm. Der Tragflügel des schnittigen Hochdeckers ist durch einen stromlinienförmig verkleideten Steg über den Bootsrumpf gehoben. Zwei Motorgondeln mit dreiflügeligen Propellern liegen hoch über dem Wasser. Aber uns bleibt nicht viel Zeit zum geruhsamen Schauen, denn schon treffen die Passagiere an der Landungsbrücke ein, begleitet von den Spitzen der russischen Inselverwaltung. Der Minister verabschiedet sich vom Inseldirektor und vom Hauptingenieur, er und Herr Pobjedonoßzew sowie wenige Begleiter steigen in ein Motorboot, das zum Flugzeug kurvt, an der uns abgewandten Seite bleibt es und kommt bald leer zur Landungsbrücke zurück.

Wir schauen auf das Flugboot, dessen Propeller sich nun zu drehen beginnen. Erst langsam, die Motoren rütteln noch bei niedriger Drehzahl, dann brummen sie gleichmäßig, die Propeller immer schneller drehend, und dabei hat das Flugzeug fast auf der Stelle gewendet, und jetzt entfernt es sich mit gewaltig brausenden Motoren, eine Spur breiter Wellen auf den See legend. Erschrocken sind alle Wasservögel aufgeflogen. Das Flugzeug rast, sich in gerader Bahn von uns entfernend, es wird kleiner, dann hebt es sich schnell aus dem Wasser, steigt höher, weit über den durch einen schmalen Inselstreifen markierten Horizont, und verschwindet, ohne die Richtung zu ändern.

Herr Gröttrup, der damals noch in Moskau arbeitete, versuchte nun, das Flugzeug auch für seine Inselbesuche zu mobilisieren. Man hatte ihm das auch zugesagt. Doch bei jedem seiner Reisetermine war dann die Maschine nach Auskunft der russischen Verwalter mal an der Ostsee, mal an der unteren Wolga, mal sonstwo, man lächelte bedauernd und empfahl, die Eisenbahn zu benutzen.

In diesem Kapitel habe ich viel von Organisation und Verwaltung geschrieben, der Leser verzeihe mir, wenn ich damit fortfahre. Jetzt will ich von den Gehältern erzählen. Die Sektorleiter mit dem akademischen Grad eines Doktors verdienten im Monat 7000 Rubel, die nichtpromovierten

Sektorleiter bekamen 6000 Rubel. Den Doktoren ohne Leitungsfunktionen zahlt man 5000 Rubel. Diplomingenieure und Fachschulingenieure mit besonderen Kenntnissen und Erfahrungen erhielten zwischen 4000 und 5000 Rubel. Das Handwerkergehalt betrug 2500 Rubel, das von Sekretärinnen 1600 Rubel. Herr Gröttrup verdiente 10 000 Rubel, und Professor Pauer mit achtköpfiger Familie bezog 8500 Rubel.

Man bedeutete uns, daß unsere Spitzengehälter über denen von russischen Ministern lägen. Damals stieg auch die Kaufkraft des Rubels kontinuierlich, im Laufe der Jahre wurden allgemeine Preissenkungen in der Sowjetunion verfügt. Dennoch blieben anfangs Gehälter von 2500 Rubel, wenn damit eine ganze Familie ernährt werden mußte, recht knapp, um auf dem freien Markt Lebensmittel einkaufen zu können. Da aber im deutschen Kollektiv die hohen Gehälter in der Mehrzahl vorkamen, gründeten wir eine freiwillige Hilfskasse, in die alle diejenigen einzahlten, deren Gehalt unter Berücksichtigung der Familiengröße oberhalb einer festgelegten Grenze, auf die wir uns geeinigt hatten, lag. Diese Hilfskasse hat später auch die Zahlung einer Rente an die Ehefrau übernommen, wenn der Mann gestorben war. Eine kritische Situation konnte bei den Empfängern kleiner Gehälter und deren Familien im Krankheitsfalle des Ernährers eintreten. Denn solange der Beschäftigte erst weniger als vier Jahre im Betrieb arbeitete, wurde im Krankheitsfall nur die Hälfte seines Gehaltes gezahlt. Auch in dieser Situation glich unsere Hilfskasse aus. Im Mittel aber lagen die Gehälter der deutschen Spezialisten weit über den Einkünften der Sowjetbürger. Dem strengen Winter von 1946 und 1947 war im Herbst eine schlechte Ernte vorausgegangen. Die Lebensmittel hatten streng rationiert werden müssen. Uns Deutschen aber gab man durch hohe Gehälter die Möglichkeit, auf dem freien Markt einzukaufen. Darüber gab es kein Murren bei den russischen Arbeitern, Ingenieuren und Verwaltern auf Gorodomlia oder bei der Bevölkerung in Ostaschkow. Es war erstaunlich, daß wenig mehr als ein Jahr nach Kriegsende den Angehörigen des Volkes, das die Sowjetunion überfallen hatte, diese Vorzugsstellung gewährt wurde.

Doch im Jahre 1947 herrschte auch noch in Deutschland der Hunger, aber auch Optimismus. Mein Vater schrieb aus Dortmund, also aus der englischen Besatzungszone: »Schon der Anblick der Trümmer, den ich von meinem Schreibtisch aus immerfort vor Augen habe, er läßt kein Gefühl der Ruhe aufkommen. Man meint, immer aufbauen zu müssen, sei es auch ›nur‹ im Geistigen. Könnte ich doch wie Ihr dort auch in der Stille leben auf der Insel der Seligen. Hier draußen, stets betrogen, saust die geschäftige Welt.«

Ja, richtig gelesen, es gibt seit kurzem eine Postverbindung mit der Heimat, der Schreibkontakt war seit der Verlagerungsaktion lange Zeit unterbrochen gewesen. Bevor damals im Oktober der Transportzug aus Bleicherode abfuhr, hatte ich einen Brief an meinen Vater in Dortmund in den Briefkasten des Bahnhofs geworfen. Ich hatte geschrieben, daß Gertrud und ich dem Abenteuer mit Gelassenheit entgegensähen. Auch an Gertruds Eltern hatten wir geschrieben.

Gertruds Vater praktizierte als Tierarzt in der kleinen Landstadt Barby, gelegen in der russischen Besatzungszone. Weder diese Briefe noch die ersten, die wir auf Gorodomlia in den Postkasten geworfen hatten, sind jemals angekommen. Etwa ein halbes Jahr blieben alle Inselbewohner von jedem Postverkehr abgeschnitten. Das führte nicht nur zu großer Beunruhigung der Angehörigen in der Heimat, auch die bedrückte Gemütslage der Insulaner wurde noch mehr belastet.

Nun aber gab es die Postverbindung, man fühlte sich nicht mehr so ganz aus der normalen Welt entrückt. Zwar konnte sich ein schneller Dialog mit Frage und Antwort, mit Rede und Gegenrede nicht einstellen, dazu war die Laufzeit der Briefe zu lang. Bis zur Ankunft eines Briefes vergingen vier Wochen. Aber dadurch wurden mit der Zeit die Briefe inhaltlich gewichtiger, man schrieb ausführlich von Dingen des täglichen Lebens, man beschrieb genau die Spiele der kleinen Kinder, berichtete ausführlich von den Problemen der heranwachsenden Jugend. Und diesem Stil paßten sich auch die Partner an.

Eine weitere Möglichkeit des postalen Verkehrs wurde uns gewährt. Wir durften kleine Lebensmittelpakete in die Heimat schicken, die dort während der immer noch andauernden Hungerzeit große Freude auslösten.

Aber ehe wir es gelernt hatten, vorschriftsmäßig ein Paket zu packen, so daß es die Postangestellten auch annahmen und weiterexpedierten und es nicht zurückwiesen, war viel Erfahrung zu sammeln. Pionierarbeit leistete Herr Diplomingenieur Wenzel, der Frau und Kinder in Deutschland zurückgelassen hatte und deshalb besonders am Übersenden von Lebensmittelpaketen interessiert war. Unverdrossen hatte er vier- oder fünfmal bei der Post in Ostaschkow Anlauf genommen, sein Paket loszuwerden, bis es ihm endlich gelang. Aber das kostete viel Zeit. Jeder neue Versuch konnte nur bei einer der allwöchentlichen Einkaufswanderungen nach Ostaschkow geschehen. Zuerst hatte er, wie wir es nicht anders kannten, seine Sendung im Pappkarton, mit Bindfaden verschnürt, vorgelegt. Erfuhr am Paketschalter, daß es so nicht ginge, verpackt werden müßte in eine kleine Holzkiste. Als er aber bei seinem nächsten Versuch damit ankam, bedeutete man ihm, das sei schon richtig, aber die Kiste müßte zusätzlich noch in Stoff eingenäht werden. Das Verständigen war sehr schwierig. Herr Wenzel sprach nicht russisch, die Schalterangestellten sprachen nicht deutsch. Also gut, beim folgenden Mal kam er mit einem auf Junggesellenart aus mehreren Stoffresten zusammengenähten Überzug. Der Postangestellte schüttelte mit ehrlichem Bedauern den Kopf. Machte klar, daß es so auf keinen Fall ginge, und bedeutete ihm mit vielen Zeichen, es müßte starkes weißes Leinen verwendet werden, es dürfte nicht gestückelt sein. Und so ging es weiter, bis endlich die Adresse an der richtigen Stelle geschrieben stand, bis die eingenähte Kiste sachgemäß versiegelt war.

Herr Wenzel blieb mir immer ein Musterbeispiel für den geduldigen, unverdrossenen, zielstrebigen Menschen. Niemals wurde er nervös, niemals böse. Aber stets schaffte er es, mit Beharrlichkeit sein Ziel zu erreichen. Endlich, endlich ging dann seine Sendung auf die Reise. Er schrieb hernach in altruistischer Weise auf, was beim Absenden eines Paketes alles zu beachten war, und ließ dann seinen mit so viel Mühe zusammengestellten Erfahrungsbericht bei interessierten Kollegen zirkulieren. Nach seinem gelungenen Durchbruch hatten wir anderen es leicht.

In späteren Jahren war Herr Wenzel mein Mitarbeiter am Überschallwindkanal geworden. Dieser Kanal wurde mit Druckluft angetrieben. Zwei schöne Kolbenkompressoren pumpten über viele Stunden die Luft bis zu 150 Atmosphären Druck in eine Batterie großer Stahlflaschen. Wir konnten dann den Kanal während einiger Minuten mit Überschallgeschwindigkeit blasen lassen und die Strömung vermessen. Einmal gab es an einem der Kompressoren eine Havarie, eine Pleuelstange war gebrochen. Große Aufregung bei der russischen Verwaltung. Es erschien der Direktor und beschuldigte sogleich den jungen, freundlichen russischen Kompressorfahrer, die Maschine sei zu Bruch gegangen, weil er während der Arbeit geschlafen hätte. Der junge Mann war höchst erschrocken über solche Anklage und beteuerte, daß er nicht geschlafen habe und die Kompressoren ordnungsgemäß gewartet zu haben. Und plötzlich, der große Bums und Krach, die Maschine sei zerbrochen. Herr Wenzel hatte während dieses Disputes einige der zerstörten Teile aufgelesen, die Bruchstücke gesammelt und als erfahrener Flugzeugingenieur sogleich Spuren eines Ermüdungsbruches im Material erkannt. Er zeigte es mir, während alle anderen noch heftig diskutierten. Ich wandte mich an den russischen Direktor und versprach, schnell einen Bericht über die Schadensanalyse abzugeben, er war einverstanden und verabschiedete sich. Dem jungen Russen konnten wir beide noch ermunternd zunicken, er verstand, daß wir überzeugt waren, die Havarie sei nicht durch seine Schuld verursacht. Herr Wenzel lieferte schnell seinen Bericht, er wies mit seinem Kommentieren der Fotografien von der Bruchstelle überzeugend die tatsächlichen Ursachen des Bruches nach. Der Direktor war zufrieden, bald konnten die Ersatzteile bezogen werden, und es liefen wieder beide Kompressoren unter der Obhut des braven, jungen Kompressorfahrers.

Wie heiß wird die Raketenhaut beim Fluge?

In den ersten Monaten nach Arbeitsbeginn auf Gorodomlia besuchte uns, aus Moskau kommend, ein Herr Witoschkin, Chef der Raketenentwicklung im Ministerium, ein großer, kräftiger Mann, etwa fünfzigjährig, mit ruhigen nachdenklichen Gesichtszügen. Der Hauptingenieur, Herr Bosch-Kozjubinski, hatte Dr. Wolff, Diplomingenieur Blass, Herrn Siegmund und mich zu einer spätabendlichen Aussprache eingeladen. Herr Witoschkin wollte unsere Meinung über die Ursachen von Selbstzerstörungen fliegender Raketen erfahren. Die Peenemünder Raketenbauer hatten von »Luftzerlegern« gesprochen. Es handelte sich um folgendes:

Auf Schießplätzen hatten die Peenemünder Ingenieure beobachtet, daß Raketen kurz vor dem Ziel, noch hoch in der Luft fliegend, auseinandergebrochen waren. Damals hatte man offensichtlich die Ursachen nicht ergründen können. Man hatte zwar bestätigt, daß die Raketen bezüglich der Luftkräfte festigkeitsmäßig richtig dimensioniert worden waren. Sie hätten der großen Beanspruchung beim Flug mit Überschallgeschwindigkeit in Zielnähe standhalten müssen. Damals war eine weitergehende tiefgründige Untersuchung nicht mehr möglich gewesen, und unter dem Zwang des Termindrucks, den die Armee ausübte, hatte man versucht, mit metallischen Bandagen und Manschetten auszuflicken, um die Festigkeit an kritisch scheinenden Stellen zu verbessern.

Einen Ratschlag konnten wir an jenem Abend dem Herrn Witoschkin nicht geben, versprachen aber, über dieses Problem nachzudenken.

Nur wenige Tage später fragten mich die Konstrukteure,

welche Temperatur die Oberfläche einer Rakete beim Flug annimmt. Damit war, wie wir später einsahen, ein Problem von ganz fundamentaler Bedeutung berührt worden. Ich erledigte diese aktuelle Anfrage ziemlich schnell, so wie eines der vielen kleinen Routineprobleme, die an den Aerodynamiker herangetragen werden. Ich überlegte, daß die Spitze eines mit Überschallgeschwindigkeit fliegenden Körpers die Umgebungsluft stark verdichtet. Durch das Verdichten steigt die Temperatur. Ich rechnete sogleich die Temperatur aus, abhängig von der Fluggeschwindigkeit und der Flughöhe, zeichnete den zeitlichen Verlauf auf und überreichte dieses Blatt dem Fragenden. Damit wäre, wie ich glaubte, das Problem gelöst. Aber das war nicht der Fall. Der Konstrukteur hatte sich auch mit einem unserer Ingenieure unterhalten, der früher an der Peenemünder Raketenerprobung teilgenommen hatte. Diesem Herrn war bekannt, daß man im Fluge die Temperatur auf der Raketenoberfläche automatisch gemessen und zur Bodenstation gefunkt hatte. Er erinnerte sich an die damaligen Temperaturgrößtwerte. Sie lagen erheblich über denen aus meiner Rechnung.

Herr Blass, Abteilungsleiter der Konstrukteure, und Herr Toebe, der Festigkeitsmann, kamen zu mir. Sie fragten, wie verläßlich meine Rechnung sei. Ich überprüfte sie noch einmal und konnte bestätigen, daß sich bei Luftkompression genau die Werte einstellen würden, die ich berechnet hatte. Der Konstrukteur und der Festigkeitsmann machten mir klar, wie außerordentlich wichtig es sei, die Temperatur präzise vorausberechnet zu bekommen. Denn die Festigkeit von Metallen nimmt mit steigender Temperatur ab. Die Temperatur, an die sich der Peenemünder Meßingenieur erinnerte, lag schon so hoch, daß man eine erhebliche Festigkeitseinbuße erwarten mußte. Die von mir berechnete Temperatur läge aber in einem Bereich, in dem die Materialfestigkeit noch nicht gemindert wird.

Ich überlegte: Könnte sich der Meßingenieur vielleicht in seiner Erinnerung geirrt haben, oder gibt es einen anderen Effekt als das Verdichten der Umgebungsluft, durch den die metallische Beplankung der Rakete aufgeheizt wird? – Jedenfalls war die Anfrage nun zu einer Problemstellung gewachsen, die fundamental wichtig schien, die nicht durch eine schnelle Routinerechnung erledigt werden konnte.

Ich unterbrach alle andere Arbeit und beschäftigte mich einige Wochen nur noch mit dieser neuen Aufgabe. Ich fragte mich: Auf welch höchste Werte kann an einem schnell fliegenden Körper die Temperatur überhaupt durch Luftverdichten getrieben werden? Das würde in dem Punkt geschehen, der am weitesten vorn liegt, also im Staupunkt. Aus plausiblen thermodynamischen Grundannahmen war eine einfache Formel entstanden. Wenn man die Fluggeschwindigkeit ins Quadrat erhebt, wenn man die spezifische Wärme der Luft in die Rechnung einsetzt, dann läßt sich im Staupunkt eine Temperaturerhöhung in Graden ausrechnen, sie beträgt Geschwindigkeitsquadrat dividiert durch die Zahl zweitausend. Bei der Rakete G 1, die tausend Kilometer weit fliegen soll, würden Fluggeschwindigkeiten in der Größenordnung von zweitausend Metern in der Sekunde vorkommen. Das ergäbe nach meiner Formel eine Temperatursteigerung von zweitausend Grad. Ich erschrak über dieses Resultat. Bei so hoher Temperatur schmilzt sogar Stahl. Damals aber hatte man noch an Leichtmetall als Baustoff für die Raketenhaut gedacht, das hohen Temperaturen noch viel weniger widersteht. Alle Bleicheroder Entwürfe für die G 1-Rakete waren so konzipiert gewesen. Aber diese Temperatur würde – ich hielt immer noch an der Konzeption fest, daß die Temperatur einzig und allein durch das Verdichten erhöht wird – nur in einem einzigen Punkt, dem Staupunkt, zu erwarten sein. An jeder anderen Stelle liegt nach meiner bisherigen Einsicht die Temperatur wesentlich niedriger, wie ich sie schon ganz zu Anfang ausgerechnet hatte. Ich fragte mich: Gibt es noch einen anderen physikalischen Effekt, der die Temperatur hochtreiben kann? Ja, den gibt es, das ist die Reibung, also die Luftreibung an der Raketenoberfläche. Die vorbeirasende Luft wird in einer ganz schmalen Schicht, der Aerodynamiker nennt sie Grenzschicht, vollständig abgebremst. Die ganze kinetische Energie der Luft wird in Wärme gewandelt und ergibt eine Temperatursteigerung, die der im Staupunkt entspricht. Berücksichtigt man die Reibung, und man muß sie berücksichtigen, dann kommt man zum Schluß, daß beim Flug an jeder Stelle des Raketenkörpers, und nicht nur im Staupunkt, diese enorm hohe Temperatur erreicht werden kann. Und würde auch die Raketenbeplankung so stark wie die Luft aufgeheizt, dann würde man keine Materialien mehr finden, die so hohe Wärmefestigkeit aufweisen.

Damit also schien eine Barriere für die Reichweitensteigerung von Raketen gezogen. – Oder konnte dieses Hindernis doch überwunden werden? Ich überlegte, daß bisher nur die Temperatursteigerung in der Luft berechnet war, daß aber die Wärme eine gewisse Zeit braucht, um von der Luft auf die Rakete überzugehen. Die ganze Flugzeit der Rakete dauert nicht lange. Die aktive Antriebsphase zu Beginn des aufsteigenden Bogens der Flugbahn, während der das Triebwerk arbeitet, wird in nur wenig mehr als einer Minute durchflogen. Möglicherweise würde die Temperatur in der Beplankung innerhalb solch kurzer Zeit noch nicht sehr stark ansteigen. Ich mußte versuchen, das Aufheizen der Beplankung beim Überschallflug abhängig von der Zeit zu berechnen. Mir war nicht bekannt, ob eine solche Rechnung früher schon einmal ausgeführt worden war. Uns auf Gorodomlia standen als Literatur nur unsere eigenen privaten Büchersammlungen zur Verfüugng, die wir mitgebracht hatten. Ich fand in einem meiner Hefte eine ältere Arbeit des

Göttinger Theoretikers Adolf Busemann, in der die Wärmeübergangszahl von Luft auf die Wand bei hoher Fluggeschwindigkeit für laminare Grenzschichten berechnet worden war. Ich übertrug sinngemäß auf die turbulente Grenzschicht, die ich bei der Rakete für sehr wahrscheinlich hielt. Ich benutzte eine Studie des Strömungsmechanikers Theodor von Kármán, der den Wärmeübergang auf Grund einer Analogie zwischen den elementaren Gleichungen der Reibung und des Wärmetransportes berechnet hatte. Die Resultate meiner eigenen Rechnungen zeigten, daß nach langer Flugzeit immer eine Temperatur erreicht wird, die nur wenig unter der Stautemperatur liegt. Für unsere Rakete konnte ich aus der Flugbahnberechnung des Ballistikers die Momentanwerte von Geschwindigkeit und Luftdichte entnehmen und damit die Differentialgleichung des Wärmeüberganges für kurze Zeitabschnitte schrittweise lösen. Das Rechenergebnis ließ erkennen, daß die Wärme relativ langsam übergeht, daß die Temperatur doch wesentlich niedriger als die Stautemperatur bleibt. Beim aufsteigenden Bogen der Flugbahn bleibt sie kleiner als beim absteigenden in Zielnähe. Aber auch beim aufsteigenden Bogen erreicht die Temperatur eine Höhe, bei der die im Flugzeugbau üblichen Leichtmetallbleche alle Festigkeit verlieren würden. Man mußte also Stahlblech vorsehen. Die Rechnung zeigte, daß die Wärmeübertragung intensiviert wird mit dem Wachsen des Produktes aus Luftdichte und Fluggeschwindigkeit. Damit wird das Wärmeübertragen beim aufsteigenden Bogen gegenüber dem nach abwärts weisenden Bogen der Flugbahn unterschiedlich groß. Beim Aufsteigen wird die hohe Geschwindigkeit erst in großer Höhe erreicht, dort ist die Dichte der Umgebungsluft gering. Deshalb bleibt das Temperatursteigen mäßig. Beim niederwärts weisenden Bogen, also in Zielnähe, wird die Fluggeschwindigkeit kaum geringer sein, aber die Dichte erreicht in Erdnähe ihren größten Betrag. Dann geht die Wärme außerordentlich intensiv in die Raketenhaut über. Ich errechnete Temperaturen, die sogar eine Stahlbeplankung gefährden würden.

Damit schien mir die Ursache der »Luftzerleger« von A 4-Raketen in Zielnähe gefunden. Aber für die noch schnelleren G 1-Raketen mit größerer Reichweite mußte dieser Effekt doch als unüberwindliches Hindernis gelten, das den Betrieb solcher Fernraketen verwehrt.

Den Ausweg wies Herr Gröttrup, der eine alte Peenemünder Idee reaktivierte, nämlich den vorderen Teil der Rakete, also die sprengstofftragende Lastspitze, nach Durchfliegen des aufsteigenden Bahnbogens abzutrennen und vom übrigen, schon leergebrannten Raketenkörper. Nur die Lastspitze fliegt ins Ziel, sie wird mit notwendig dicker Beplankung gebaut. Der restliche abgetrennte Raketenkörper mag in den dichten Schichten der Erdatmosphäre verglühen.

Rückschauend läßt sich die Begründung und die Ausarbeitung des Rechenverfahrens rasch erzählen. Aber jedes zusammenfassende nachträgliche Berichten, so auch dieses, unterscheidet sich in der Technik und in der Naturwissenschaft ganz außerordentlich von den Gedankenwegen, die bis zum Ergebnis zurückgelegt worden sind. Denn so geradlinig, wie der Weg in den abschließenden Mitteilungen für andere beschrieben wird, so ist er während der Phase erkundender Forschung nicht verlaufen. Es werden in Gedanken und in tastenden Versuchen viele Umwege gewandert, die aber erst als solche erkannt werden, wenn sich gedankliche Widersprüche ergeben. Dann heißt es zurückzugehen bis an eine Stelle, an der sich noch keine Widersprüche zeigten, und man hat mit vorsichtigen Schritten eine neue Marschrichtung zu erproben. Wenn endlich der Zielpunkt erreicht ist, dann läßt sich, von dort zum Anfangspunkt schauend, ein geradliniger Weg anlegen, dieser begradigte und verkürzte Weg, der alle die weiten Umwege vermeiden kann, nur er wird als Lösung beschrieben, alle Mäander des ursprünglichen Gedankenflusses sind durch einen geraden Hauptstrom ersetzt worden. In der erkundeten Phase arbeitet man nach der Methode des »trial and error«. Man sucht nach Ansätzen zur Lösung und korrigiert erkannte Irrtümer. Irrtümer auf diesem Weg zu entdecken, fördert den Fortschritt, und der Erfahrene weiß, daß jede Diskussion, jede Kritik von Fachkollegen in dieser Arbeitsphase nur nützen kann. Im endgültigen abschließenden Bericht vermeidet man es, die Leser mit dem Nacherzählen des Wanderns auf vielen Irrwegen zu ermüden, der Bericht wird im Sinne strenger Naturgesetzlichkeit abgefaßt. Das Arbeiten nach der Methode des »trial and error«, das bisweilen spielerische Ausprobieren von Lösungsmöglichkeiten, das Berichten über temporäre Fehlannahmen, Fehldeutungen und erkannte Fehler, alles das, überhaupt jede Empirie, streicht der Berichter aus seiner Niederschrift. Und das ist gut so, er reduziert auf das Wesentliche, er macht den Bericht frei vom Zufälligen des Findens, er reduziert zum klaren, deterministisch nachvollziehbaren Weg.

Auf Gordomlia mußte unsere erkundende Arbeit unter erschwerenden Bedingungen geleistet werden, fern von allen aerodynamischen und thermodynamischen Instituten, ohne moderne Literatur, ohne Zugang zu Bibliotheken. Aber ich muß auch zugeben, daß die Zusammensetzung unseres Kollektivs sehr günstig war, um erstens überhaupt durch eine Fragestellung aus der technischen Praxis die Theoretiker anzuregen, aber auch zum zweiten, um die Aufgabe schnell zu lösen, weil nämlich Konstrukteure und Wissenschaftler unter einem Dach arbeiteten und weil sie durch die alle gemeinsam verpflichtende Aufgabenstellung zu enger Zusammenarbeit genötigt waren.

Damals war das Aufheizen von Flugkörpern, die mit Überschallgeschwindigkeit fliegen, ein auch den Fachleuten so wenig vertrauter Gedanke, daß viel Widerspruch aus den eigenen Reihen des Kollektivs kam. Einige der Kollegen glaubten nicht an diesen Effekt, auch von seiten der russischen Ingenieure in Moskau gab es Skepsis, wie mir Herr Gröttrup erzählte. Damals konnte ich durch Experimente das neue Rechenverfahren noch nicht bestätigen. Das gelang erst, als wir uns auf Gorodomlia einen eigenen Überschallwindkanal gebaut hatten. Und gegen Ende unserer Gorodomlia-Zeit, als wir besseren Einblick in ausländische wissenschaftliche Zeitschriften bekamen, las ich – ich glaube, es war im amerikanischen Journal of the Aeronautic Science – über Messungen, die meine Vorstellung vom Wärmeübergang bei hoher Geschwindigkeit bestätigten. Ein Problem wird häufig an vielen Stellen gleichzeitig bearbeitet und gelöst. Und heute findet schon der Student derartige Rechenverfahren in den Lehrbüchern der Grenzschichttheorie und der Thermodynamik als gesicherte Erkenntnisse vor.

Damals war Professor Walter Pauer, der Thermodynamiker, einer der ersten Kollegen, die mir zustimmten. Er erzählte von seinen Erfahrungen im Ersten Weltkrieg. Wenn man eine nichtexplodierte feindliche Artilleriegranate, einen Blindgänger nannten das die Soldaten, kurz nach dem Aufschlagen angefaßt hätte, dann sei er stark erwärmt gewesen. Ich überlegte, daß auch kleine kosmische Körper, die mit großer Geschwindigkeit in die Erdatmosphäre dringen, auf solche Weise aufgeheizt werden und als Meteore aufleuchten. Dr. Johannes Hoppe, der im Sektor Meßtechnik arbeitende Astronom, stimmte mir sofort zu. Er benutzte das neue Rechenverfahren, um in seiner Mußezeit das Aufheizen von Meteoriten und Meteoren nachzurechnen.

Herr Johannes Hoppe – die Russen nannten ihn, weil beim Transliterieren der Buchstaben H und J zu G werden, Gogannes Goppe – hat später, nach Rückkehr in die Heimat, als Professor für Astronomie viele Jahre an der Universität Jena gewirkt. Kurz vor seinem 80. Geburtstag hat man einen neu entdeckten Planetoiden nach ihm benannt. Es ist das der Planetoid mit der Nummer 3499.

Im Kollektiv von Gorodomlia wurde von dieser Zeit ab für jedes Raketenprojekt der Zeitverlauf der Wandtemperatur berechnet; Konstrukteure und Festigkeitsleute warteten auf diese Ergebnisse.

Ich hatte die Methode so weit aufbereitet, daß mit einem immer wieder benutzbaren Tabellen-Schema für vorliegende ballistische Flugbahn, für vorgegebenes Wand-Material und vorgegebene Stärke der Beplankung der Temperaturverlauf während des Fluges vorausberechnet werden konnte. Die Tabellenrechnungen erledigte zuerst Liddy, die als Rechnerin bei Sektor Aerodynamik und Projekt arbeitete. Als einmal für besonders viele Entwurfs-Varianten die Temperaturen schnell berechnet werden mußten, da verfügte der Hauptingenieur, daß die Mitarbeiter des kleinen Sektors Chemie sich an diesen Tabellenrechnungen beteiligten. Das numerische Hilfsmittel war damals noch der Rechenschieber gewesen, dieser Rechenschieber, der schon von William Oughtred (1574–1660), also zur frühen Barockzeit, erfunden worden war. Aber auch heute, wenn zur numerischen Auswertung ein elektronischer Rechenautomat zur Verfügung steht, heute wäre der erkundende Teil der Arbeit, also das Aufspüren physikalischer Zusammenhänge, das Ansetzen der strömungsmechanischen und thermodynamischen Differentialgleichungen, in ähnlicher Weise wie damals verlaufen. Erst wenn das Denkproblem gelöst ist, mündet es in die Kanäle der auswertenden Numerik. Damals mit Rechenschieber, heute mit Computer.

Alles nach Plan, alles unter Kontrolle

Als sehr wesentlich galt den Russen die Planung der Arbeit und die Kontrolle ihrer Erfüllung. Den Anfangsplan hatte Herr Gröttrup zusammen mit den Sektorleitern niedergeschrieben. Die Sektorleiter hatten anschließend die Pläne in Gemeinschaft mit ihren Mitarbeitern detailliert, so daß deren jeweiliger Anteil im Plan zu lesen stand. Auch alle Zwischentermine für die Fertigstellung von wissenschaftlichen Berichten, von Konstruktionen und von Meßreihen waren genau festgelegt worden. Monatlich mußten Formblätter vom Sektorleiter ausgefüllt werden, in denen das bisher erreichte in Prozenten des endgültigen Planzieles stand. Das zu bestimmen mag bei systematischen Meßreihen einfach, bei einer Konstruktion noch angängig sein, wird aber bei der Ausarbeitung einer neuen Theorie recht schwierig. Wir mußten indessen einsehen, daß dieses für uns neue Verfahren monatlichen Prüfens zur Arbeitsdisziplin erzieht. Die russische Leitung forderte unbedingtes Einhalten der einmal festgelegten Pläne.

Erwähnenswert scheint mir, daß die gesamte Planüberwachung in dem 150 Mitarbeiter starken deutschen Kollektiv von nur einem einzigen Mitarbeiter, dem Ingenieur Kirchner, Verwaltungsassistent des Herrn Gröttrup, geschafft wurde. – Je weniger Verwalter, desto leistungsfähiger wird ein technisches Kollektiv!

Ein Ereignis in der Anfangsphase unserer Arbeit ließ uns aufmerken. Ein Bearbeiter beim Sektor Thermodynamik, der Dr. Kirst war es gewesen, hatte dem sowjetischen Hauptingenieur beiläufig erzählt, sein Bericht würde erst vierzehn Tage später als im Plan geschrieben fertig werden. Er löste damit eine gewaltige Aufregung aus. Der Hauptingenieur beschwor den Thermodynamiker, Überstunden einzulegen, damit der Termin eingehalten würde. Eine Terminverschiebung könnte überhaupt nur vom Direktor beim Minister beantragt werden. Das aber ließ alle anderen Mitarbeiter der wissenschaftlichen Abteilungen murren. Wir erklärten dem Hauptingenieur, daß man reine Forschungsarbeit doch nicht in ein eng gefaßtes Terminschema pressen könnte. Aber auf der anderen Seite stand unerschütterlich ein stärkerer Wille. Und tatsächlich schafften wir es später, auch Probleme bis zu einem festgelegten Zeitpunkt zu lösen. Ebenso, wie wir es später geschafft haben, terminisierte Projekte für neue Raketen auszuarbeiten, mit Ansprüchen an Transportlast und Reichweite, für die es zu Beginn der Arbeit noch keinerlei Vorbild gegeben hatte.

Man glaube nicht, uns wäre unter diesem Zwang der Ausweg geblieben, nur eine oberflächliche, formale Arbeit abzuliefern. Wir hatten sehr bald erfahren müssen, daß alle unsere Ausarbeitungen zur Kritik an sowjetische Spitzenwissenschaftler der Wissenschafts-Akademie und der Universitäten weitergeleitet wurden, die sachverständig prüften und mit größter Schärfe kritisierten.

Bedenke ich heute den ganzen Komplex, so scheint es mir, daß dadurch tatsächlich das Entwicklungstempo forciert worden ist. Wir lernten, uns diesen Bedingungen anzupassen, und sahen schnell ein, wie sorgfältig wir bei der Planung abwägen mußten. In den allermeisten Fällen war es möglich, beim Präzisieren des Terminablaufes mitzuwirken. Bisweilen mußten wir außerordentlich kämpfen; wenn Vertreter des Ministeriums uns zu kurze Bearbeitungsfristen auferlegen wollten. Nicht immer gelang es uns, vorgesehene sehr kurze Bearbeitungszeiten zu verlängern. Aktivität und genaues Bedenken in der Anfangsphase des Planens waren sehr wichtig. Denn hätten wir, zwar guten Willens, aber oberflächlich, den Plan entworfen und später eingesehen, daß der Entwurf gar nicht realisierbar wäre, die Leitung hätte dennoch die Ergebnisse zu den von uns eingeschriebenen Terminen angefordert.

Manche wichtige Zwischenergebnisse mußten in Moskau vor dem wissenschaftlichen Rat des Ministeriums verteidigt werden. Im Sommer 1948 hatte ich zusammen mit meinem Mitarbeiter, Dr. Johannes Schmiedel, unser Projekt zu verteidigen, Probleme der ebenen Gasströmung für Unter- und Überschall in analogen Flachwasserströmen zu vermessen. Also fuhren wir beide bei schönstem Sonnenwetter los in Begleitung eines russischen Ingenieurs, beneidet von allen Deutschen, versehen mit vielen Wunschzetteln. Die Wunschzettel hatten uns Freunde und Bekannte zugesteckt. Der eine wollte zwanzig Tuben Rasiercreme und Zahnpasta gekauft haben, der andere wollte Schuhe und einen Anzugstoff mitgebracht bekommen. Wir beide, Dr. Schmiedel und ich, taten, was wir konten, um die seltene Gelegenheit, in die Hauptstadt zu reisen, auch für die Kollegen mitzunutzen. Später war das Magazin auf Gorodomlia, also der Universalkaufladen, auch mit allen diesen Waren beliefert worden.

Am Abend fuhren wir in Ostaschkow mit der Eisenbahn ab. Schliefen während der Nacht ganz bequem auf den Liegebänken. Erreichten gegen Mittag des nächsten Tages das Ziel, den Moskauer Vorort Podlipki. Wohnten auf dem Gelände des wissenschaftlichen Instituts 88, an der gleichen Stelle, wo im November 1946 unser Transportzug aus Deutschland gestanden hatte. Dieses Mal fanden wir dort einen Spezialzug von großen D-Zug-Wagen. Das war der Meßzug für das Beobachten von Raketenstarts. Untergebracht wurden wir in einem Schlafwagenabteil des Zuges. Trafen zusammen mit deutschen Kollegen von der Insel, die hier mit dem Einrichten der Meß- und Kommando-Geräte beschäftigt waren. Der Zug wurde für ein Probeschießen bereitgemacht, das irgendwo, weit von Moskau entfernt, im Süden stattfinden sollte.

Ich war hocherfreut, als ich eines Tages in der Nähe des Zuges meines guten Bekannten aus der Bleicheroder Zeit, den Oberstleutnant Tjulin wiedersah. Wie oft hatte ich mir bei vielem Ärger auf der Insel über unzureichende Arbeitsmöglichkeit und über Mängel in der Versorgung gesagt: Wenn das Her Tjulin wüßte, er würde sofort seinen ganzen Einfluß aufbieten, um zu helfen. Jetzt aber wurde ich arg enttäuscht. Herr Tjulin nahm meine Kritik sehr reserviert auf. Er äußerte sich gar nicht dazu und gab dem Gespräch sogleich eine andere Wendung. Er wollte mich mit dem sowjetischen Professor Frankl von der Akademie der Wissenschaften zusammenbringen: »Professor Frankl hat Ihre Bleicheroder Berichte über das Berechnen der aerodynamischen Beiwerte der Rakete rezensiert. An einigen Stellen ist er anderer Meinung. Das hat er in ziemlich harten Redewendungen niedergeschrieben«, sagte Herr Tjulin.

An einem schönen warmen Nachmittag, ein ungetrübt blauer Himmel lag über Moskau, fuhr ich mit Herrn Bosch-Kozjubinski, dem Hauptingenieur aus Gorodomlia, zur Stadtwohnung des Herrn Frankl. Unsere Straßenbahn drängte sich in den Kurven quietschend durch enge Straßen mit älteren hochgeschossigen Häusern. Hell kontrastierten die üppigen Laubbäume in den Parkanlagen zu den Schatten der Straßenschluchten.

Herr Frankl war als politischer Flüchtling aus Österreich emigriert, er lebte schon lange in Moskau. Sein Name war mir durch die Kritik der deutschen Aerodynamiker Hantsche und Wendt an einer seiner Grenzschichtarbeiten bekannt geworden.

Herr Frankl empfing uns hoheitsvoll. Sein Äußeres war durchaus achtunggebietend. Hohe Stirn, ein sehr üppiger, gelockter, pechschwarzer Haarkranz, schwarze lebhafte Augen, scharf geschnittene Gesichtszüge. Er winkte uns, Platz zu nehmen. Blickte mich lange an, etwa wie ein hoher Kardinal einen kleinen Kaplan aus der fernen Provinz angesehen haben würde. Der Kardinal war unzufrieden mit dem Kaplan: »Mein Herr«, begann er, den Kopf zurückwerfend: »Sie haben den Auftrieb in den Randzonen des Raketenleitwerks bei Überschallströmung nach einer Formel von Schlichting berechnet. Diese Formel ist falsch!« Ich schaute ihn fragend an, darauf wartend, daß er präzisiere. Ich hatte mir damals in Bleicherode die Originalarbeit von Schlichting nicht beschaffen können, sondern die Formel dem überall anerkannten Lehrbuch von Ludwig Prandtl »Führer durch die Strömungslehre« entnommen.

Herr Frankl ergänzte: »Ich habe durch eigene Rechnung festgestellt, daß ein Faktor $2/3$, den Schlichting verwendet, durch $1/2$ ersetzt werden muß.« Ich nickte: »Danke, das ist ein guter Hinweis. Würden Sie mir bitte beide ausführliche Rechnungen, die Ihre und die des Herrn Schlichting ausleihen, damit ich vergleichen kann.« Leichter Unwille in Herrn Frankls Augen. Im weiteren machte ich Herrn Frankl darauf aufmerkam, daß der Auftrieb in der schmalflächigen Randzone des Leitwerks prozentual nur einen kleinen Wert beträgt, verglichen mit dem viel größeren Auftrieb des übrigen Leitwerks und des Raketenrumpfes, so daß die gesamte Änderung des Raketenauftriebs nur unbedeutend wäre und innerhalb der Fehlerschranke liege, die man bei Projektrechnungen berücksichtigt.

Diese meine Antwort war durchaus nicht im Sinne des Herrn Frankl. Er bemühte sich nun mit aller Schärfe, mich niederzukämpfen, nachdem ich seinen ersten Angriff pariert hatte. Jede Redepassage begann er mit der Wendung: »Hören Sie!« Ich versuchte mit Ruhe und Gelassenheit, das Gespräch zur Form eines fruchtbaren Gedankenaustausches anzuheben. In manchen Phasen gelang mir das auch.

Wir sprachen über die Möglichkeit, die örtliche Geschwindigkeit auf dem Raketenrumpf für den Überschallflug mit Hilfe des Charakteristikenverfahrens zu bestimmen. Plötzlich unterbrach mich Herr Frankl und fragte: »Wissen sie denn, wer der Autor des Charakteristikenverfahrens für drehsymmetrische Strömungen ist?«

Meine Antwort: »Aber natürlich, es ist ziemlich gleichzeitig aber unabhängig von den Herren Oswatitsch, Sauer und Tollmien ausgearbeitet worden.« Frankl schüttelte unwillig den Kopf, richtete sich auf und erklärte feierlich: »Der Schöpfer des Verfahrens steht Ihnen gegenüber.«

Herr Bosch-Kozjubinski hatte sich nicht am Gespräch beteiligt. Für Herrn Frankl bedeutete er aber das Publikum, das seine scharfen Worte und großen Gebärden würdigen sollte.

Ich hatte später, es war zu Ende des Jahres 1948 gewesen, noch einen sehr heftigen Zusammenstoß mit Herrn Frankl. Damals mußte das ganze erste technische Projekt G 1 vor dem wissenschaftlichen Rat in Moskau verteidigt werden. Dazu waren der Hauptkonstrukteur Gröttrup und alle Sektorleiter, die am Projekt beteiligt waren, nach Moskau gereist. Wieder wohnten wir im Schlafwagen des Meßzuges auf dem Gelände des Instituts in Podlipki. Wir erfuhren erst dann, daß alle Berichte der Sektionen Aerodynamik, Ballstik, Festigkeit, Steuerung und Triebwerk sowie alle Konstruktionszeichnungen schon vor Monaten an Rezensenten geschickt worden waren, die das Ministerium zur Kritik aufgefordert hatte. Diese Rezensenten hatten sich sehr eingehend auf die Diskussion vorbereiten können. Sie trugen in langen, wohlformulierten Begründungen scharfe Angriffe gegen alle unsere Arbeiten vor. Wir hatten nicht geahnt, welch gewaltiges Geistesringen sich hier abspielen würde, wir hatten nicht gewußt, daß wir schweren Angriffen trotzen mußten. Das wurde uns erst im Sitzungssaal klar. Wir hatten bis dahin geglaubt, daß die

Verteidigung nicht anders verlaufen würde, als wir es aus Deutschland gewöhnt waren, etwa von den Besprechungen im Luftfahrtministerium, wenn Gruppen von Technikern aus verschiedenen Industriebetrieben und Wissenschaftler aus Forschungsinstituten eingeladen worden waren. Um dort bei Anfragen und Diskussionen bestehen zu können, hatte das Momentanwissen genügt, nur bisweilen mußte man aus dem Notizbuch eine Zahl nachblättern, aber es waren keinerlei taktisch-rhetorische Kämpfe geführt worden, also hatte man auch niemals einen Plan zur Abwehr massiver Angriffe auf das Arbeitsergebnis vorbereiten müssen.

Im Moskauer Sitzungssaal ging es zu wie in einer Seeschlacht. Das überlegene Geschwader griff unbarmherzig an, feuerte eine Breitseite nach der anderen auf das unvorbereite und völlig überraschte Geschwader ab. Eine Angriffswelle nach der anderen rollte von seiten der Opponenten gegen unsere Ausarbeitungen. Und obwohl wir nach der ersten Überraschung unser Projekt tapfer verteidigten, so waren wir machtlos gegen den wohlgeplanten Angriff. Trotz hitzigster Einzelgefechte war unsere Niederlage vollständig. Das ganze Projekt wurde vom wissenschaftlichen Rat als ungenügend zurückgewiesen.

Herr Frankl hatte meine Arbeiten über die Berechnung der aerodynamischen Beiwerte angegriffen. Ich hatte mich meistens auf eine Linearisierung der Rechnungen beschränkt. Das hielt er für für unzulässig und forderte Anwendung des Charakteristikenverfahrens. Die Verhandlungen, denen der General Gonor als Werkleiter des Institutes vorsaß, wurden in russischer Sprache geführt. Die uns Deutschen betreffenden Passagen übersetzte ein Dolmetscher. Unsere eigenen Reden zur Verteidigung und zur Diskussion wurden wiederum ins Russische übertragen. Weil Herr Frankl beide Sprachen gleich gut beherrschte, erbot er sich, in der Diskussion mit mir auch das Amt des Dolmetschers zu übernehmen. Ein neben mir am Tisch sitzender russischer Ingenieur aus Gorodomlia, der auch deutsch sprach, flüsterte mir zu: »Seien Sie vorsichtig, Herr Frankl verändert Ihre Worte in der russischen Übersetzung, er ironisiert sie.« Ich protestierte sofort. Der vorsitzende General konnte aber dem hoch angesehenen Herrn Frankl nicht sein Doppelamt entziehen. Ich mußte mir selbst helfen. Ich sprach ganz kurze Sätze. Nach jedem Satz forderte ich Herrn Frankl zum Übersetzen auf. So blieb es ihm unklar, wohin ich zielte, und inhaltliches Verändern wurde erschwert.

Wenn ich über die Kontroversen mit Hern Frankl aus dem Kreise der sowjetischen Wissenschaftler so ausführlich geschrieben habe, denn nur deshalb, weil mich diese Auseinandersetzungen sehr erregt hatten. Sie waren aber untypisch. Die Diskussionen mit anderen Rezensenten, ich denke als Beispiel an den Grenzschichtforscher, Professor Kosmodemjanski, wurden in sehr sachlichem Ton geführt.

Dennoch war ich mit solcher Verfahrensweise nicht einverstanden. Die Rezensenten hatten sich durch langes Studium der Ausarbeitungen, die unsererseits unter stärkstem Termindruck erarbeitet worden waren, vorbereitet. – Was damals in wenigen Tagen den schon ungeduldig wartenden Ballistikern, den Steuerungsleuten, den Statikern, den Konstrukteuren übergeben worden war mit dem deutlichen Hinweis, es handele sich um Näherungslösungen, die eine bestimmte Bandbreite möglicher Fehler, z. B. ± 10 Prozent des Nennwertes, einschließen, das konnte von den Rezensenten in patriarchalischer Ruhe studiert und kritisiert werden. Man muß aber bedenken, daß für einen unter hartem Termindruck arbeitenden technischen Entwicklungsbetrieb die schnell gelieferte Näherungslösen mit Beachten des genannten Fehlerbereiches außerordentlich wertvoll ist. Die exakte Rechnung verbraucht so viel Zeit, daß die ganze Entwicklung verlangsamt würde. Ein späteres Präzisieren der Rechenergebnisse von Leuten, die mehr Zeit haben, die die mögliche Breite des Fehlerbandes z. B. von 10 Prozent auf 2 Prozent zusammendrängen, das wird dankbar begrüßt. Aber der Vorwurf, daß schnelle Rechnungen nicht dasselbe verkleinerte Fehlerintervall aufweisen wie lange andauernde exakte, dieser Vorwurf empörte uns.

Aber trotz unserer Niederlage bei der ersten Verteidigung unseres Projektes lernten wir doch vieles aus den Verhandlungen, um bei künftigen Auseinandersetzungen besser gerüstet zu sein. Der wissenschaftliche Rat bestand nur zu einem Teil aus wissenschaftlich-technischen Fachleuten. Zum anderen aus hohen Offizieren und hohen Mitarbeitern des Ministeriums, die an den Beschlüsen des Gremiums entscheidend Anteil nehmen. Die Nichtfachleute achten bei den Diskussionen weniger auf den Inhalt des Gesprochenen, sondern auf die Haltung der Kämpfenden. Ein Eingeständnis der Schwächen läßt sich gut auf dem Gesicht und in der Gesamthaltung ablesen. Den russischen Streitern war das natürlich bekannt. Wenn wir, vom technischen Standpunkt gesehen, mit einem Argument ins Schwarze trafen, dann zeigten die Diskussionsgegner äußerlich keinerlei Wirkung, sie lächelten nur überlegen. Natürlich haben wir uns später auch auf diese Methode eingestellt.

Die Verhandlungen fanden am ersten Weihnachtstag des Jahres 1948 statt, der in der Sowjetunion kein Feiertag ist. Dort wird Weihnachten am 1. Januar gefeiert.

Ein Jahr später setzten wir uns mit dem überarbeiteten Projekt vor demselben Gremium mit Glanz durch, weil wir tatsächlich nun die technisch-wissenschaftliche Substanz tiefer gegründet hatten, ich konnte nun selbst Berechnungen mit nichtlinearisierten Gleichungen vorlegen und zeigen, daß sie nur ganz wenig von den früheren Resultaten der Linearisierung abwichen, und schließlich war auch unser rhetorisches Darlegen durch die Erfahrung verbessert worden. Wieder fand die Sitzung im Institutsgebäude von Podlipki statt. Den Vorsitz führte dieses Mal Oberst Spiridonow, Typ des energischen und verschlossenen Offiziers. Die Angriffe der Rezensenten wurden mit Schwerpunkt gegen den Steuerungsentwurf gerichtet. Als Hauptopponent agierte ein Professor Meuzejew, groß und hager in der Uniform eines Luftwaffenoffiziers, der gut deutsch sprach. Hier aber konnte unser genial begabter Dr. Hoch sehr sachverständig parieren. Er hatte die Integration der Differentialgleichung mit variablen Koeffizienten, die für die Raketensteuerung angesetzt wird, mit Hilfe eines speziellen elektrischen Analogrechners gemeistert, den er »Bahnmodell« nannte. Der Rechner war von ihm entworfen und in der Werkstatt von Gorodomlia gebaut worden. Er führte ihn zur Sitzung vor. Das »Bahnmodell« bedeutete damals ein ganz revolutionäres Verfahren. Er hatte auch die Originalrudermaschine der Rakete eingebaut.

Das Gesamtprojekt wurde also gebilligt. Zur großen Erleichterung der Herren Spiridonow und Pobjedonoßzew. Und nicht zuletzt auch unseres russischen Hauptingenieurs aus Gorodomlia, Kurganow, des Nachfolgers von Herrn Bosch-Kozjubinski. Herrn Kurganow empfahl mir, am letzten freien Nachmittag in Moskau unbedingt die Tretjakow-Galerie zu besuchen. In der weltbekannten Gemäldesammlung kann man u. a. Originale des bedeutenden russischen Impressionisten Repin anschauen. Ich wäre liebend gern hineingegangen, mußte aber doch verzichten. Das Abarbeiten eines langen Wunschzettels, nämlich für Frau, für Freunde und Bekannte einzukaufen, war bei solch seltenem Besuch in Moskau dringlicher.

Die Kritik unserer Arbeitsergebnisse durch Rezensenten sollte nach Meinung der sowjetischen Leitung die Entwicklungsarbeit stimulieren. Tatsächlich ist das auch der Fall gewesen. Aber der heutige Leser könnte fragen: Weshalb hat man denn überhaupt die zahlreichen Gruppen deutscher Techniker und Wissenschaftler in die Sowjetunion geholt, nicht nur die Raketenbauer nach Gorodomlia, sondern die Flugzeugbauer und Flugmotorenbauer nach Kubischew und die Spezialisten für Isotopentrennung, die an Problemen der Kerntechnik und Nuklearbomben arbeiteten, auf die Krim? Hätten nicht, so könnte der Leser weiter fragen, die rezensierenden sowjetischen Fachleute die den Deutschen überwiesenen Arbeiten selbst machen können? Ich denke, das wäre sicher möglich gewesen. Und ich halte es für ganz unwahrscheinlich, daß jemals sowjetische Techniker und Wissenschaftler erklärt haben könnten, die neuen Entwicklungsaufgaben auf dem Gebiet der Raketentechnik, des Flugzeug- und Flugmotorenbaus sowie der Kerntechnik könnten von ihnen nicht ohne Mithilfe deutscher Fachleute erfüllt werden. Ich meine, daß die russische Wissenschaft über gleichrangige Spitzenkräfte verfügt, wie sie in Westeuropa und in den USA arbeiten. Ich meine, daß die Fähigkeit zur Kombination und zum Vorausdenken, das sind wesentliche Voraussetzungen für wissenschaftliches Arbeiten, bei den sowjetischen Bürgern recht gut ausgebildet ist. Man erinnere sich nur, daß über viele Jahrzehnte bis in die Gegenwart alle Schachweltmeister aus der Sowjetunion gekommen sind. Doch denke ich auch, daß unser Kollektiv mit einer derartig guten Verbindung von wissenschaftlicher Grundlagenarbeit und ingenieurmäßiger Anwendung auf die Russen eine besondere Vorbildwirkung ausgeübt haben wird.

Ich vermute, daß der Gedanke, deutsche Spezialisten ins Land zu holen, von seiten der höchsten politischen Führung kam. Ich sehe eine Stütze meiner Vermutung darin, daß die Schirmherren der einzelnen Spezialistengruppen höchste Politiker aus dem sowjetischen Politbüro waren. Bei uns war als Schirmherr der damalige Minister für Beschaffung,

Ustinow, aufgetreten. Die Kerntechniker, also eine deutsche Gruppe um von Ardenne, Hertz, Steenbeck und Thießen, hatten das Politbüro-Mitglied Mikojan kennengelernt, und bei einer anderen Gruppe von Kernphysikern war es der Minister für Staatssicherheit, Berija, gewesen. Die höchste politische Führung wird 1945 und 1946 auf Meldungen in westlichen Publikationsorganen aufmerksam geworden sein, in denen technische Kommissionen der US-Amerikaner und Engländer berichteten, daß in Deutschland während des Krieges die Forschungsarbeit sehr weit getrieben worden war.

Den Amerikanern und Engländern war 1945 der Pfeilflügel für schnelle Flugzeuge ein Novum gewesen; er war vom Göttinger Gasdynamiker Busemann erfunden worden. Die Eigenschaften des Pfeilflügels hatte man bis Kriegsende durch viele Windkanalmessungen erforscht. Sein Einsatz in Prototypen von Jagdflugzeugen war schon so gut erprobt, daß Herr von Kármán, der 1945 als Mitglied einer technischen amerikanischen Kommission die deutsche Luftfahrtforschung inspizierte, der Boeing-Corporation telegrafieren konnte, alle Entwicklungsarbeiten an Tragflügeln konventioneller Bauform für sehr schnelle Flugzeuge einzustellen und die neuen Pfeilflügel zu übernehmen.

Sowohl den Amerikanern als auch den Engländern war zwar nicht das Prinzip der Gasturbine als Flugzeugantrieb neu, doch sie selbst hatten während des Zweiten Weltkrieges keine Entwicklungsarbeit getrieben. Nun konnten sie nach Kriegsende einsatzfähige Strahltriebwerke aus den deutschen Motorenfabriken von Junkers und den Bayrischen Motorenwerken übernehmen. Und schließlich hatte kein Land der Anti-Hitler-Koalition große Flüssigkeitsraketen entwickelt, wie sie in Peenemünde entstanden waren.

Die sowjetische Führung bemerkte, daß Amerikaner und Engländer sogleich nach Kriegsende begonnen hatten, führende deutsche Techniker und Wissenschaftler aus diesen Sparten zu sammeln und zur Weiterarbeit in ihre Länder zu transportieren. Unter solchen Bedingungen geriet die sowjetische Führung in Zugzwang, auch ihrerseits deutsche Spezialisten zur Auswertung und Weiterentwicklung neuer deutscher Waffensysteme ins eigene Land zu holen, um gegenüber den Amerikanern und Engländern keinen Temporverlust zu erleiden.

Experimente auf Gorodomlia – Probeschießen in Kasachstan

Ein kurzer Besuch in Paris im Frühjahr 1942. Das war lange vor unserer Rußlandzeit gewesen. Damals war ich aufgefordert worden, mir in der Schiffbau-Versuchsanstalt »Bassin d'Essays des Carènes« eine soeben fertiggestellte Spezialanlage zum Messen von Kräften und Momenten an Schiffsmodellen beim Kreisfahren anzuschauen. Zusammen mit einem Ingenieur der Torpedoversuchsanstalt von Eckernförde sollte ich prüfen, ob man mit dieser Anlage auch Kräfte und Momente an getauchten Torpedomodellen beim Kreisfahren messen könnte, und welche Sonderausrüstung dazu nötig sein würde.

Man zeigte uns in der geräumigen und vielseitigen Schiffbau-Versuchsanstalt die soeben baulich vollendete Anlage. Wir sahen ein imposantes technisches Bauwerk. Ein großes kreisrundes Wasserbassin, siebzig Meter im Durchmesser, mehrere Meter tief. In der Mitte eine kleine kreisförmige Betoninsel. Zu dieser Insel führt vom Außenrand eine stählerne Fachwerkbrücke. Das etwa drei Meter lange Schiffsmodell wird von der Brücke ins Wasser getaucht. Die Brücke kann, angetrieben von einem Elektromotor, das Becken umrunden, ähnlich wie ein Uhrzeiger das Zifferblatt. Außen läuft die Brücke auf Radsätzen über Schienen, innen dreht sie sich um eine vertikale Achse auf der Insel.

Eine damals ganz zufällige Episode erlangte Bedeutung für unser Experimentieren in Bleicherode und auf Gorodomlia. Wir beide, der Ingenieur aus der Torpedoversuchsanstalt – Franz Rübsam hieß er, wir waren Jahrgangskollegen während unseres Studiums an der Technischen Hochschule in Hannover gewesen – und ich, wir hatten uns im

Marineministerium auf dem Place de la Concorde angemeldet. Einer der Offiziere, der von unserem Interesse für Wasserkanäle gehört hatte, wußte von einem Versuchsstand in einem kleinen Luftfahrtinstitut zu erzählen. Falls wir Interesse hätten, so würde er uns gern mit seinem Auto dorthin fahren. Um uns dabei auch etwas von der Stadt Paris zu zeigen, dehnte er die Fahrt aus.

Es war ein schöner lauer Märztag. Auf den langen Alleen blühten schon die Kastanienbäume. Der Offizier ließ das Auto dann über steile enge Straßen fahren.

Zu beiden Seiten schmale hohe Häuserfronten, von denen der Putz bröckelt. Doch alles wird vom Sonnenlicht malerisch verschönt. Oben auf der Kuppe des Berges angekommen, der Berg heißt Montmartre, sehen wir dort die große Kirche. Hellweiß leuchten ihre byzantinischen Kuppeln. Das ist die Kirche Sacré Cœur. Ihr Stil ist für einen römisch-katholischen Sakralbau in Westeuropa ganz ungewöhnlich. Und obwohl die Kirche alt und ehrwürdig ausschaut, ist sie nur ein Jahr älter, als ich selbst bin, wenn ich vom Jahre ihrer Vollendung, 1913, ab zähle. Der Bau wurde allerdings schon in den achtziger Jahren des vorigen Jahrhunderts begonnen. Vom Berg schaut man über die weite, bis zum Horizont reichende Stadtfläche, durchschnitten vom hellen Fluß, der wieder von vielen Brücken überspannt wird. Aber dann zieht der große Eiffelturm alle Aufmerksamkeit auf sich. Er ist dreihundert Meter hoch, wurde 1889 zur Weltausstellung gebaut. Sein Konstrukteur Eiffel ist nicht nur ein tüchtiger Bauingenieur gewesen, sondern auch ein Pionier der Aerodynamik. Den Luftwiderstand von Kugeln hatte er mit Fallversuchen von diesem Turm bestimmt. Später hatte er einen der ersten Windkanäle gebaut und auch als erster ein Buch über seine systematischen Messungen an Tragflügel-Modellen publiziert.

Wir sitzen schon wieder im Auto, fahren vorbei am Arc

de Triomphe, dem stolzen Monument, das an die Triumph-Bögen römischer Imperatoren erinnert. Napoleon Bonaparte war es gewesen, der 1806 den Bau befohlen hatte, als er noch der unbesiegte Kaiser aller Franzosen und der Beherrscher vom ganzen kontinentalen Europa gewesen war. Welch gigantisch überhöhtes Lebensgefühl muß einen Menschen durchglühen, der sich und seinen Erfolgen ein solches Monument als Denkmal setzt!

Im Institut angelangt, zeigt uns ein junger Fachkollege den Flachwasserkanal, er ist ein Mitarbeiter meines nun in Ainring, einer Luftfahrt-Forschungsanstalt in Österreich, wirkenden Doktorvaters Paul Ruden. Also Flachwasserkanal nennt er den einfach ausgeführten Prüfstand. Über eine ebene horizontale Rechteckfläche fließt Wasser in gleichmäßigem Strom. Es umspült das Untersuchungsobjekt, einen Tragflügelquerschnitt. Der Erklärer bittet uns, das Wasser an der konvex gewölbten Seite des Tragflügels genau zu beobachten, wenn er jetzt die Wassergeschwindigkeit steigert. Dazu wird die Drehzahl der den Wasserstrom treibenden Pumpe langsam erhöht. Zuerst hatte ich an der konvexen Seite nur ein sanftes Wellental gesehen, es setzt sich mit abnehmender Taltiefe nach außen fort, auf solche Weise in der sonst ebenen Wasserfläche eine sanfte Mulde formend.

Mit steigender Wassergeschwindigkeit wird das Muldental tiefer. Dann aber zeigt sich etwas Besonderes. Das Wasser springt von der Talsohle aus leicht schäumend, mit steiler Front zur Umgebungshöhe. Das Muldental ist unsymmetrisch geworden. Quer zum Tragflügel ragt die schmale Steilfront ziemlich weit in die Umgebung des Flügels ins freie Wasser hinein. Der Erklärer fragt: »Erinnert Sie dieses Wellenbild an etwas, das Sie schon kennen?« Ich überlege. Dieses Flügelumströmen in sehr flachem Wasser war ein ganz ungewöhnliches Experiment, das hatte ich bestimmt noch nicht gesehen. Aber damals hatte man häufig das stoßartige Luftverdichten an Tragflügeln, auf deren konvexer Seite Überschallgeschwindigkeit erreicht worden war, mit einer Schlierenoptik beobachtet und fotografiert. Und ein sogenannter Verdichtungsstoß bildete sich als kräftige schwarze Linie auf der Fotografie in der sonst weißen Umgebung an der konvexen Seite des Tragflügelprofils ab. Vor der Stoßfront strömt die Luft mit Überschallgeschwindigkeit, im Stoß wird sie zum Unterschallströmen gebremst.

Ich fragte den Erklärer, ob ein Zusammenhang zu seinem Experiment bestünde. Er nickte: »Ja, die Strömung im flachen Wasser verläuft ganz ähnlich wie die Gasströmung. Die örtliche Wassertiefe entspricht der Gasdichte, der ›Wassersprung‹ dem Verdichtungsstoß im Gase.« Ich hörte, daß das keine nur zufällige Ähnlichkeit der Erscheinungen sei, sondern eine aus den strömungsmechanischen Differentialgleichungen herleitbare Analogie.

Alle Experimente in der Gasströmung sind sehr aufwendig. Die notwendige Antriebsleistung für einen Windkanal, der mit hoher Unterschallgeschwindigkeit blasen soll, ist groß, sie wird noch viel größer beim Überschall-Windkanal: »Da ist es sehr nützlich, mit solchen einfachen Experimenten klärende Vorversuche anzustellen«, schloß der Experimentator die Vorführung ab. Sie selbst waren zu solchen Experimenten angeregt worden, hörte ich, durch einen älteren Mitarbeiter des französischen Instituts, einen russischen Emigranten aus der Zeit nach 1917, den Herrn Riabouschinski. Ich wurde diesem freundlichen, etwas korpulenten älteren Herrn vorgestellt. Verträumte Augen hinter dünn eingefaßten Brillengläsern, spärliches Haupthaar, ein langer, spitzer, grauer Bart. Herr Riabouschinski erzählte mir, er sei in jungen Jahren Assistent des berühmten russischen Aerodynamikers Joukowski gewesen. Joukowski hatte zuerst die Idee gehabt, das Verhalten von sehr schnellen Flugkörpern durch vergleichende Experimente in flachem Wasser zu testen.

Herr Riabouschinski führte mir dann zusätzlich eine Reihe von Experimenten vor, die zeigten, daß man die Flachwasser-Analogie nicht nur für den Flug mit hoher Unterschallgeschwindigkeit, sondern auch für den mit Überschallgeschwindigkeit benutzen kann. Ich sah, wie sich die Wasserwellen nach dem Durchfließen einer Lavaldüse ganz ähnlich ausbildeten, wie die Machschen Linien in der Gasströmung. Als Lavaldüse benennt man einen Kanal, der sich nach einer Verengung wieder erweitert. Man erzählte mir, daß an der Technischen Hochschule in Zürich, bei Professor Ackeret, ein Doktorand namens Preiswerk über Theorie und Experimente zur Flachwasseranalogie promoviert hatte. Nach Hannover zurückgekehrt, besorgte ich mir diese Schrift. Das war mein Erlebnis im Jahre 1942 gewesen.

In Bleicherode, als ich Auskunft über aerodynamische Drücke, Kräfte und Momente am Raketenkörper bei hoher Unterschallgeschwindigkeit und bei Überschallgeschwindigkeit geben mußte, erinnerte ich mich. Einen kleinen Flachwasserkanal konnten wir in bescheidener Ausführung trotz der damals eingeschränkten Möglichkeiten bauen. Aber im Jahre 1946 war es dennoch schwer geworden, auch für einen so kleinen Versuchsstand das Material zu bekommen. Ein geschickter Handwerker suchte sich die Winkeleisen und die Bleche von einem Schrottplatz zusammen. Der Handwerker baute den Kanal. Zum Antrieb diente der Wasserstrom aus der Hauswasserleitung, der über eine Beruhigungsstrecke zufloß.

Der Handwerker baute aus Metall sehr saubere Modelle von Tragflügeln, aber auch von Nachbildungen der Raketenkontur. Die Wasserhöhen beim Strömen wurden gemessen, sie ließen sich in Druck, Dichte und Geschwindigkeit einer entsprechenden Gasströmung umrechnen. Dr. Johannes Schmiedel, ein im Experimentieren sehr erfahrener Mitarbeiter, spezialisierte sich auf diese Untersuchungen. Er verfaßte instruktive Berichte über seine sehr sorgfältigen Messungen. Auf Gorodomlia projektierten wir einen größeren Kanal, angetrieben durch eine eigene Pumpe mit einer Meßfläche von ein mal zwei Metern.

Bevor uns die Mittel zum Bau bewilligt wurden, mußten Johannes Schmiedel und ich das Meßprinzip und die Analogie zur Gasströmung dem technisch-wissenschaftlichen Rat des Moskauer Instituts vortragen.

Zuerst waren die jungen russischen Fachkollegen, die dort als Opponenten unsere Darlegungen zu kritisieren hatten, sehr skeptisch. Die Methode war ihnen damals ebenso neu, wie sie mir vor sechs Jahren beim Zusammentreffen mit Riabouschinski erschienen war. Nun aber schienen die russischen Ingenieure doch betroffen, als sie hörten, daß der eigentliche Autor ihr Landsmann Joukowski gewesen und daß jetzt das inzwischen perfektionierte Meßverfahren in ihr Land zurückgetragen worden war. Der wissenschaftliche Rat billigte unseren Vorschlag. Der größere Wasserkanal wurde in Gorodomlia gebaut und in einer Halle des Institutes aufgestellt. Wir konnten sehr wirkungsvoll mit diesem Flachwasserkanal experimentieren. Wir fotografierten Strömungsbilder und konnten aus dem Wasserhöhenverlauf längs des Modelles die Dichte, den Druck und die Geschwindigkeit für eine modellähnlich geformte Großausführung berechnen.

Die Arbeiten des Johannes Schmiedel fanden plötzlich auf tragische Weise ein Ende. Er hatte sich krank gemeldet. Zuerst erschien es ihm, und seine Arbeitskollegen glaubten es, daß es sich nur um eine Magenverstimmung handle. Doch bald brachte man ihn ins Krankenhaus nach Ostaschkow, von dort zur Operation nach Moskau, wir hörten die tieferschütternde Diagnose: Es sei Krebs festgestellt worden, in einem so weit fortgeschrittenen Stadium, daß das Operieren schon zwecklos sein würde. Er starb bald darauf. Frau und Tochter wurden aus unserer Hilfskasse unterstützt.

Die Arbeiten am Flachwasserkanal führte Hellmut Frieser weiter. Er war mit 45 Jahren auf die Insel gekommen. Er hatte Chemie studiert. Doch bei seiner Vielseitigkeit auf wissenschaftlichem Gebiet, besonders in der Physik und in der Mathematik, war es gar nicht einfach, das ursprüngliche Fundament seiner Ausbildung aufzuspüren. Bis zum Abtransport in die Sowjetunion war er Professor für wissenschaftliche Fotografie an der Technischen Hochschule in Dresden gewesen. Auch er war eigentlich kein Raketenspezialist, wenn man davon absieht, daß er einmal den Feuerstrahl aus dem Raketentriebwerk fotografiert hatte, das war ein Auftrag von Peenemünde an die Technische Hochschule in Dresden gewesen.

Für mich wurde es fast ein atemberaubendes Erlebnis zu beobachten, wie schnell sich dieser tüchtige Mann in die ihm bis dahin fremde Disziplin der Strömungsmechanik einarbeiten konnte. Als ersten verbindenden Brückenschlag zwischen unseren Arbeitsgebieten hatte ich vorgeschlagen, zu ergründen, ob der Stoffaustausch zwischen einer belichteten fotografischen Schicht und der Entwicklungsflüssigkeit ausgenutzt werden kann zum Registrieren örtlicher Geschwindigkeiten beim strömungsmechanischen Experiment. Denn erfahrungsgemäß wird der Entwicklungsprozeß intensiviert durch Verstärken der Flüssigkeitsbewegung. Dort erscheint die Schwärzung schneller als an Stellen, wo die Flüssigkeit unbewegt bleibt oder nur wenig bewegt wird. Hellmut Frieser orientierte sich über die Geschwindigkeitsverteilung umströmter Körper, studierte die Bücher von Prandtl und Sauer, diskutierte viel mit uns. Die

Ergebnisse seiner Studien zu diesem Effekt hatte er in einem Bericht dokumentiert, als ich ihn bitten mußte, diese Arbeiten zu beenden und die Nachfolge des Dr. Schmiedel bei den Experimenten im Flachwasserkanal anzutreten.

Damals interessierten uns Wasserströmungen, die mit dem Überschallflug in der Luft verglichen werden können. Die zur Schallgeschwindigkeit der Luft analoge Geschwindigkeit im flachen Wasser liegt recht niedrig. Bei einer Wassertiefe von zehn Zentimetern beträgt sie nur einen Meter in der Sekunde. Um das analoge Strömungsbild des Überschalls zu erreichen, hatte man bis zu jener Zeit das Wasser durch eine Lavaldüse fließen lassen. So hatten es Riabouchinski und Preiswerk in ihren Pionierarbeiten gemacht. Herr Frieser stellte fest, daß die notwendigerweise lange Lavaldüse die Strömungen durch Reibung auf großer Länge verdarb. Messungen der örtlichen Wasserhöhe mit einer Genauigkeit von einem Zehntel Millimeter, wie wir sie brauchten, ließen sich in dem stets schwankenden Strom nicht erreichen.

Hellmut Frieser überraschte mich eines Tages mit einer aufs beste geglätteten Strömung; er hatte die Lavaldüse ersetzt durch ein kurzes Grundwehr, wie es die Wasserbauingenieure benutzen. Hiermit ließ sich die notwendige Meßgenauigkeit erreichen. Bald setzten wir den Kanal auch zum Studium zeitveränderlicher Strömungen ein. Wir brauchten Informationen über Kräfte und Momente, die an einer Raketenspitze beim Ablösen vom Restrumpf entstehen.

Bei der Auswertung der Experimente durften wir eine bekannte grundsätzliche Unvollkommenheit der Analogie nicht vergessen. Es handelt sich um folgendes:

In den gasdynamischen Gleichungen, die den Zusammenhang zwischen Druck, Dichte, Temperatur und Geschwindigkeit herstellen, erscheint eine physikalische Größe, die mit dem griechischen Buchstaben $\varkappa$ benannt wird. Ihr Zahlenwert wird durch das Verhältnis der spezifischen Wärmen bei konstantem Druck und bei konstantem Volumen bestimmt, in Luft beträgt er ungefähr $\varkappa = 1{,}4$. Aber für das Flachwasserströmen ergibt sich die analoge Größe als unveränderbar zu $\varkappa = 2$. Zwar bleiben bei vielen Anwendungen die Auswirkungen des Unterschiedes gering, aber wir mußten kritisch jede Messung prüfen.

Eine andere Unvollkommenheit bedingt die freie Wasseroberfläche, die das Übertragen von Messungen an allen zylindrisch geformten Körpern auf ebensolche in der Gasströmung gestattet, aber das gelingt nicht so einfach bei spindelförmigen Körpern von Art des Raketenrumpfes. Diesen mußte man durch die Kontur eines ebenen zylindrischen Körpers mit gleicher Schnittform ersetzen. Im wesentlichen behielten die Flachwasserkanal-Experimente den Charakter orientierender Vorversuche. Und nach dem damit möglichen Abtasten des Strömungsgebietes und seiner Eigenschaften mußten Experimente im Überschallkanal folgen.

Schon bei meinem Besuch in Moskau hatte der Oberst Pobjedonoßzew angeboten, uns den Kompressor des Flugzeugtriebwerks vom Typ Jumo 004 auf die Insel zu bringen als Antrieb eines Windkanals. Oswald Conrad prüfte diese Möglichkeit und stellte fest, daß das Luftverdichten mit diesem Kompressor nicht ausreichen würde, um einen Windkanal mit Überschallgeschwindigkeit blasen zu lassen. Wir mußten neu projektieren. Eingedenk der bescheidenen energetischen Basis auf unserer Insel mußte die Antriebsleistung eines Windkanals klein bleiben. Wir dachten daran, einen großvolumigen Behälter luftleer zu pumpen. Dann sollte über eine Lavaldüse Umgebungsluft in den Behälter einströmen. Hinter der Lavaldüse wird Überschallgeschwindigkeit erreicht. Bei dieser Bauart reicht geringe Antriebsleistung der Pumpe, die den Behälter leer saugt. Man läßt sie einige Stunden arbeiten, bis der Druck im Behälter genügend klein geworden ist. Das Einströmen mit Überschallgeschwindigkeit füllt den Behälter zwar in wenigen Minuten wieder auf. Aber diese kurze Zeit reicht zum Messen von Temperaturen, Drücken, Kräften und Momenten, sie werden in elektrische Größen umgewandelt und automatisch registriert.

Der ganze Arbeitsaufwand zum Aufbauen des Überschall-Windkanals war so groß, daß dazu die Aerodynamiker die Mithilfe anderer Sektoren brauchten. Dr. Coermann vom Sektor Meßtechnik konstruierte die elektrisch registrierende Schnellwaage für das Messen des Auftriebs, des Widerstands und des Moments um die Querachse. Die Werkstatt von Erich Apel baute die Waage, maßgeblich war einer unserer geschickten Handwerker, der Herr Fiedler, beteiligt. Man übergab uns ein ganz vorzügliches Meßgerät. Der zweite von Herrn Jaffke geleitete Konstruktionssektor übernahm alle Konstruktionsarbeiten für den Windkanal. Wir Aerodynamiker legten die Hauptabmessungen fest und berechneten die Konturen der Lavaldüsen. Von der Zentralstelle aus Moskau wurde aber eine konzeptionelle Änderung des Projektes verfügt. Wir sollten nicht mit leerzupumpendem Behälter arbeiten, sondern aus einem Hochdruckspeicher Luft durch Lavaldüse und Meßstrecke strömen lassen. Große Druckbehälter wurden zu einer Gesamtbatterie verbunden. Starke Kolbenkompressoren drückten während mehrerer Stunden Luft in die Batterie, bis die Manometer 100, manchmal auch 150 Atmosphären Druck anzeigten. Die Meßzeit blieb auch bei dieser Variante kurz. Sie war auch auf wenige Minuten beschränkt. Die Kolbenkompressoren wurden von Elektromotoren angetrieben. In der Elektrostanzia, dem kleinen Kraftwerk auf der Insel, stand nun ein neuer Dieselmotor als Antrieb des Elektrogenerators. Dieses Aggregat hatte die alte Lokomobile mit ihrer Holzfeuerung verdrängt. Der gesamte Bauaufwand war groß, und erst in unserem letzten Inseljahr arbeitete der Überschallwindkanal. Wir konnten dann Messungen an Kegelraketen vornehmen, auch den instationären Wärmeübergang an der Kontur messen und unsere Theorie bestätigen. Und beim allerletzten Projekt, das wir zu bearbeiten hatten, nämlich eine Flugzeugabwehr-Rakete, war es möglich, parallel zur Entwurfsarbeit Kräfte und Momente im Windkanal zu messen.

Doch zurück zur Bauphase. – Die Energie der verdichteten Luft wird nur dann effektiv genutzt, wenn zwischen Druckbatterie und Lavaldüse ein Ventil angebracht ist, das in kürzester Zeit schnell öffnet und nach Versuchsende schnell wieder schließt. Herr Jaffke ließ das Ventil von einem älteren Konstrukteur, dem Herrn Fieger, entwerfen und konstruieren. Es wurde eine ziemlich komplizierte Armatur. Herr Fieger erklärte mir das Wirkprinzip mit seinen Konstruktionszeichnungen. Dabei bemerkte ich, daß er sich ganz falsche Vorstellungen vom gasdynamischen Verhalten der Luft machte; er entwickelte eine selbsterdachte Theorie über die Kompressibilität, die ich nicht billigen konnte. Ich schloß daraus, daß man mit einer falschen Auffassung vom grundlegenden physikalischen Vorgang kein gutes Ventil bauen könnte. Ich war der Konstruktion gegenüber sehr mißtrauisch, erzählte das Herrn Jaffke und dem russischen Hauptingenieur, Herrn Kurganow. Der Hauptingenieur entschied aber, daß Herr Fiegers Konstruktion realisiert werden sollte. Das Ventil bewährte sich vorzüglich, es entsprach allen Anforderungen aufs beste. Ich als Betreiber des Windkanals konnte zufrieden sein. Dachte aber darüber nach, weshalb mein Urteil falsch gewesen war. Ich kam zum Schluß, daß große konstruktive Erfahrung und intuitiv richtiges ingenieurmäßiges Schaffen in diesem Falle die Mängel im Verständnis des Elementarablaufes kompensiert hatten.

Noch vierzehn Tage vor dem Probelauf des Kanals ließen

wir die bis dahin offene Meßstrecke durch eine schalldämmende Meßkabine ummauern. Das war gut, der freie Strahl hätte ganz entsetzlich gelärmt. Denn trotz des Schalldämmens war es in der Umgebung immer noch recht laut.

Zum Probelauf hatte ich an verschiedenen Stellen der Zuleitung Manometer anbringen lassen. Es sollten damit die Drücke registriert werden. In der Batterie, an Krümmungen und Verzweigungen und in verschiedenen Räumen. Bei jedem Manometer saß ein Beobachter, der nach zentral gesteuerten Lichtimpulsen die Drücke synchron aufschreiben sollte. Ich schaute mir hinterher die Meßergebnisse an. Sie entsprachen ganz der Erwartung. Bis auf eine Beobachtungsstelle, wo mehrere Manometer gestanden hatten und wo zwei Bearbeiter postiert gewesen waren. Sie berichteten, daß sofort nach Einsetzen des Blasens der Druck vom Höchstwert auf Null abgesunken sei, so schnell, daß man nicht hätte nachschreiben können. Ich prüfte die Manometer. Sie waren in Ordnung. Auch die Zuleitungen waren nicht undicht geworden. Ich sammelte alle Meßprotokolle, setzte mich auf einen Schemel, verglich und grübelte. Da kam der ältere der beiden Beobachter, Herr Zylinski, der Meister unserer kleinen Werkstatt, die zum Sektor Aerodynamik gehörte. Ein grauhaariger Handwerker, ruhig und tüchtig. »Ehe Sie sich den Kopf zerbrechen, will ich das Rätsel lösen«, begann er. Ich schaute von meinen Protokollblättern auf und hörte: »Als der Kanal einsetzte mit schrecklichem Bums, das fürchterliche Getöse blieb, da hatten wir gedacht, alles ist explodiert, und sind ins Freie gerannt.« Er fügte schuldbewußt hinzu: »Entschuldigen Sie bitte.« Ich lachte fröhlich ob des Rätsels Lösung und schüttelte ihm die Hand; denn keiner von uns hatte schon früher an einem Überschall-Windkanal gearbeitet und kannte dessen Betriebslärm.

Es war schon später Abend geworden, als Handwerker

und Ingenieure des Aerodynamik-Sektors, froh, daß alles gut funktioniert hatte, das Institut verließen. Für jeden bedeutete der gelungene Probelauf ein ganz besonderes Erfolgserlebnis. Ich freute mich, über ein so wirksames Forschungsmittel verfügen zu können. Auch im Gorodomlia-Dörfchen war das laute Brummen des Windkanals zu hören gewesen. Meine Frau erzählte mir später, daß unser vierjähriger Sohn das Blasgeräusch des Windkanals sehr wohl von dem des Triebwerk-Prüfstandes unterscheiden konnte. Er wußte schnell zuzuordnen: »Das ist der Vati« oder: »Das ist der Umpfenbach«, immer dann, wenn das einige Minuten dauernde Getöse anhub.

Ja, auch Herr Umpfenbach, der Triebwerks-Sektorleiter, hatte schon vor uns einen Prüfstand eingerichtet, auf dem modellmäßig verkleinerte Raketentriebwerke getestet wurden. Und schließlich machten sogar die Steuerungsleute lärmende Versuche. Sie wurden von einem Flugzeug verursacht, einem langsam fliegenden Doppeldecker, der über metallene Hohlspiegel, die an einem sehr langen Stahlmast befestigt waren, angepeilt wurde.

Unser kleiner Sohn Peter fürchtete sich vor Flugzeugen. Hörte er beim Spielen im Freien über sich am Himmel ein Flugzeug brummen – das kam anfangs ziemlich selten vor –, dann rannte er sogleich laut weinend ins Haus. Als er alt genug war, daß man ihn nach dem Grund seiner Angst fragen konnte, da dachte er einen Augenblick nach und sagte: »Vom Flugzeug kann doch der Motor herunterfallen, und er fällt mir auf den Kopf.«

Wir hatten ihm nie etwas vom Krieg und den Bombenangriffen der Flugzeuge auf Städte erzählt. Auch nicht von unserer Angst, wenn wir nachts das Motorengeräusch der Flugzeuge über uns hörten, wenn wir wußten, daß dort oben die Bomben aus den Halterungen geklinkt wurden und nun zu uns herabstürzten, wir dann bald die Explosionen hörten, manchmal so nahe, daß alle Fensterscheiben unseres Hauses barsten. Bisweilen dachte ich in Gorodomlia darüber nach, ob es so etwas wie Erberinnerungen gibt, ob Kriegsschrecken und Kriegsängste der Eltern einer Kindergeneration eingeprägt werden könnten.

Zu den experimentellen Arbeiten unseres Kollektivs gehörte auch das Probeschießen mit A 4-Raketen. Es fand in der kasachischen Steppe statt. Dorthin waren aus unserem Kollektiv die Spezialisten für das Vermessen des Raketenfluges sowie einige Steuerungsleute, mit Hoch und Magnus an der Spitze, gereist. Hoch kehrte mit einem Erfolgserlebnis zurück, das sein Selbstbewußtsein wie das eines römischen Feldherrn nach gewonnener Schlacht hob. Zu Beginn des Schießens war die Zielgenauigkeit der Raketen noch ganz unbefriedigend gewesen. Die Aufschlagstellen lagen ziemlich weit vom Zielpunkt entfernt. Hoch erkannte schnell die Ursache. Er baute das automatische Steuerungsgerät in einer einzigen Nacht um. Und von da ab wurde es ein Präzisionsschießen mit allen noch folgenden Raketen.

Natürlich hätte sich jeder aus unserem Kollektiv, so auch ich, dafür interessiert, den Start einer ballistischen Rakete mitzuerleben. Aber die russische Leitung beschränkte sich bei der Auswahl von Teilnehmern auf die unbedingt notwendigen Bearbeiter. So ist es gekommen, daß ich auch später niemals an solchen Experimenten teilgenommen habe.

Eines muß ich noch erwähnen. In Bleicherode hatten wir uns in den wissenschaftlichen Abteilungen gegenseitig mit unseren Problemstellungen, Lösungsmethoden und Ergebnissen bekannt gemacht. Vom Ballistiker bis zum Thermodynamiker. Auch auf Gorodomlia war es anfangs noch üblich gewesen, durch Vorträge die interessierten Mitarbeiter anderer Sektoren zu unterrichten.

Das hörte bald auf, vielleicht verursacht durch die wachsende Arbeitslast unter Termindruck, uns blieb wenig Zeit und Lust zu ungeplanten Veranstaltungen. So habe ich niemals den Triebwerks-Prüfstand des Herrn Umpfenbach betreten. Er selbst war nie in den Laboratorien der Aerodynamiker, weder in der Halle des Flachwasserkanals noch beim Überschall-Windkanal. Ich schaute mir nicht das Laboratorium des Herrn Hoch an. Auch er ließ sich nicht bei uns sehen. Man beschränkte sich auf die dienstliche Zusammenarbeit in Sitzungen, die der Hauptingenieur leitete, und auf das offizielle Beantworten von Anfragen und das Erledigen von Arbeitsaufträgen.

»Arbeiten, die ganz meinen Neigungen entsprachen ...«

Werner Albring beschreibt Einflüsse, die seine Berufswahl und seine Forschungen bestimmten

In den zwanziger Jahren des Jahrhunderts – mein Alter lag zwischen sechs und sechzehn Jahren – nahm die Öffentlichkeit mit großem Interesse am technischen Fortschritt und an naturwissenschaftlichen Fragen anteil. Noch waren nicht alle Punkte der Erdoberfläche den Menschen zugänglich, die nördliche Polkappe und die höchsten Berge mußten bezwungen werden. Man kann sich heute nur schwer die Begeisterung über gelungene Ozeanflüge von Luftschiff oder Flugzeug vorstellen.

Aber auch das Interesse sehr vieler Menschen am Fortschritt im Automobilbau oder in der Rundfunktechnik war beträchtlich. Wir Jungen bauten uns Empfangsgeräte, wikkelten die Spulen selbst, fügten Kondensatoren aus Resten alter Schallplatten und Staniolpapier zusammen. Auch die maschinenbaulichen Konstruktionen waren einfach und gut überschaubar wie die damaligen physikalischen Versuchsapparate. Ohne besondere Schwierigkeiten gelang es uns Jungen, an Vaters Auto leichte bis mittlere Reparaturen selbst auszuführen.

Mein Vater wirkte als Studienrat am Realgymnasium unserer kleinen westfälischen Stadt Schwelm. Von ihm lernte ich es, Problemstellungen zu erkennen, zu formulieren, zu durchdenken, aufmerksam Gegenmeinungen anzuhören, abzuwägen und zu entscheiden. Und dann den gefundenen Weg konsequent zu verfolgen.

Auf der Oberschule fand ich nicht wenige Lehrer, die neben ihren pädagogischen Pflichten ihr Wissensgebiet durch eigene Forschungen erweiterten und uns Schüler interessierten mitzutun, mitzuarbeiten am Mikroskopieren heimischer Pflanzen, mitzuwirken beim Fotografieren des Mondes durch das Fernrohr. Den Zeichenlehrer in seinem Atelier zu besuchen, machte mir besondere Freude, er malte im modernen Stil Landschaften und Porträts.

Aber wir übten uns auch im politischen Debattieren. Angezogen fühlte ich mich besonders von den Gedanken des Geschichtslehrers Dr. Fritz Helling, einem entschiedenen Schulreformer. Er wurde später, Mitte der sechziger Jahre, zu seinem 80. Geburtstag von der Berliner Humboldt-Universität zum Ehrendoktor promoviert. Ein Schüler wird weniger durch den Lernstoff angeregt, sondern vielmehr durch die Vorbildwirkung des Lehrers. Mich hatten viele vorzügliche Lehrer motiviert, so daß mir dann die Berufswahl schwer fiel. Ich wurde hin- und hergerissen von vielerlei Interessen. Ich dachte daran, Maler zu werden, oder Arzt als Fortsetzung eines Biologiestudiums, oder Politiker auf der Basis eines Studiums der Jurisprudenz. Diese Absicht steht sogar in meinem Reifezeugnis dokumentiert. Studiert habe ich Maschinenbau. Aber dazu drängten mich äußere Umstände.

Mein Vater gehörte zum linksgerichteten Kreis »Entschiedener Schulreformer«. Er wurde mit dem Machtantritt der Nazis aus seinem Lehramt entlassen. Von der kleinen Zwangspension konnten die Eltern kein Studium finanzieren. Da ich mich auch für die Technik interessierte, ging ich zunächst als Arbeiter in eine Schwelmer Maschinenfabrik. Diese Tätigkeit wurde als Grundlagenpraktikum für mein späteres Studium (1934 bis 1938) an der Technischen Hochschule in Hannover anerkannt.

Von den dortigen Professoren zogen mich besonders drei an, nicht nur durch ihre Vortragsweise, sondern durch ihre schöpferischen Gedanken und ihre besondere Art, schwierige Probleme in einfach überschaubare Arbeitsetappen aufzulösen. Ich erinnere mich gern an den Mechanik-Professor Artur Pröll, der uns lehrte, wie man die Mittel der Mathematik einsetzt, um die Beanspruchungen technischer Konstruktionen zu bestimmen, zum Beispiel einer Brücke durch Lasten, eines Gleitlagers durch Reibung, eines Flugzeugpropellers durch Fliehkräfte.

Professor Hermann Cranz trug über Festigkeitslehre und das Konstruieren vor. Er verband das Wissen über Material und Beanspruchung mit den ingenieurmäßigen Gestaltungsmöglichkeiten. Ich denke an Professor Horst von Sanden, den Mathematiker. Er machte uns Ingenieurstudenten den Aufstieg zum abstrakten Hochgebirge Mathematik zugänglich.

Anschließend an das Studium, hatte ich zunächst als Konstrukteur und Statiker in einer Flugzeugfabrik gearbeitet. Dann kehrte ich an die Technische Hochschule Hannover als Assistent zurück. Damals hatte ein Lehrstuhl in der Regel nur einen hauptamtlichen Assistenten. Die Anzahl der Assistentenstellen war ebenso beschränkt wie die der Professoren. Deshalb freute ich mich, zu solcher Arbeit ausgewählt oder gar »berufen« worden zu sein. Ich arbei-

tete bei Professor Pröll, der die Festkörpermechanik und die Strömungsmechanik vertrat. Er stellte mir die Aufgabe, die Strömungskräfte am schwingenden Tragflügel zu messen. Denn schnelle Flugzeuge waren durch die Tragflügelschwingungen sehr gefährdet.

Als Maschinenbauer entwarf und konstruierte ich eine Waage, mit der ich instationäre Kräfte und Momente am Tragflügel messen konnte. Nach Abschluß dieser Forschungsarbeit vertraute mir Professor Pröll die Leitung des aerodynamischen Instituts an, eines staatlichen Forschungsinstitutes mit etwa 30 Mann Belegschaft. Damals war ich gerade 27 Jahre alt. Das Institut verfügte über Wind- und Wasserkanäle, wir bearbeiteten Problemstellungen aus Aerodynamik und Hydrodynamik.

Rückschauend stelle ich fest, daß ich sehr häufig das Glück hatte, Arbeiten machen zu müssen, die ganz meinen Neigungen entsprachen. Die Grenze zwischen Pflicht und Hobby verwischte sich. Das gilt für meine Tätigkeit als Konstrukteur, das gilt für meine Arbeit als Strömungsmechaniker in Hannover, das gilt mit Einschränkung auch für die Arbeit in der Sowjetunion in den Jahren zwischen 1946 und 1952 ...

aus: »Spectrum«, Heft 1/83

Inselmeister im Tennis – Unsere Freizeit auf Gorodomlia

Wenn mehr als vierhundert Menschen viele Jahre in einem winzigen Dorf auf einer kleinen Insel leben sollen, die sie nicht verlassen dürfen, dann könnten sich aus solcher Abgeschiedenheit ernste psychische Störungen entwickeln. Das Zusammenleben würde außerordentlich erschwert sein. Schon als uns im November 1946 der Transportzug von Moskau ins nördliche Land fuhr, hin zur Insel, auf der wir bleiben sollten, da überlegte ich, wie die Insel landschaftlich beschaffen sein könnte. Ich stellte mir Varianten vor. Ein Inselland, flach und kahl, nur spärlich mit Gras bewachsen. Dort würde die Stimmung der Bewohner bald zu vollständiger Trostlosigkeit absinken. Ich stellte mir aber auch vor, die Insel sei hügelig und bewaldet. Dort zu leben, würde nicht so schwer sein. Ein Gefühl der Einsamkeit und Isolation wird nicht ständig neu provoziert, weil man nicht dauernd die Inselgrenzen vor Augen sieht. Die Insel, auf die wir schließlich geführt wurden, sie ist hügelig, sie ist bewaldet. Im Sommer glitzern die Seen, die Fichtenwälder duften. Blätter, Gräser, Blumen, alles drängt im farbenfrohen Überfluß der strahlenden Sonne entgegen. Im Winter stehen die tiefen Wälder märchenhaft verschneit.

Wieviel Freizeit blieb uns auf Gorodomlia? Jede der Wochen umfaßte 48 Stunden dienstlicher Arbeit. Ursprünglich hatte sich die deutsche Leitung auf eine Arbeitswoche mit nur 36 Stunden eingestellt. Denn Dr. Zeise hatte so argumentiert, und wir alle hatten es nicht vergessen, daß in Westeuropa die kommunistischen Parteien vor dem Zweiten Weltkrieg für eine Arbeitswoche mit 36 Stunden gekämpft hatten. Die sowjetische Leitung erklärte aber, daß im Lande während des Krieges die Arbeitszeit auf 48 Stunden erhöht worden sei, und seitdem wäre sie noch nicht wieder verkürzt worden. Also blieben für uns die 48 Stunden vorgeschriebene Arbeitszeit.

Am Nachmittag, zum Arbeitsschluß, mußten die Werkstätten, Laboratorien und Büros sogleich geräumt werden. Freiwilliges Längerarbeiten, wie es in Deutschland bei dringlichen Aufgaben üblich ist, wurde nicht gestattet. Überstunden konnten nur auf schriftlichen Antrag von der Gewerkschaft erlaubt werden.

Die mit den Sorgen von Forschung und Entwicklung belasteten Führungskräfte hatten in der ersten Zeit auf Gorodomlia nach Dienstschluß ihre Akten zusammengepackt und in der Wohnung weitergearbeitet. Das aber wurde bald von den stets mißtrauischen Russen streng untersagt. Wir arbeiteten dann sehr konzentriert während der täglichen acht Stunden im Institut. Der russische Einlaßdienst forderte unbedingte Pünktlichkeit zu Arbeitsbeginn. Verspätungen von nur wenigen Minuten wurden schon durch empfindliche Geldstrafen geahndet. Das deutsche Kollektiv reagierte auf die geforderte hohe Pünktlichkeit zu Arbeitsbeginn mit ebensolcher Pünktlichkeit bei Arbeitsende am Nachmittag. Der Weg zwischen Arbeitsstätte und Wohnung war in fünf Minuten zu schaffen. Also gehörte uns viel Freizeit.

Es gab auch einen Jahresurlaub. Das bedeutete Freistellen von der Arbeit, das bedeutete aber für uns nicht Reisen an einen Urlaubsort, etwa an das Schwarze Meer oder zu den Bergen des Kaukasus, wie es die russischen Kollegen, die auf Gorodomlia arbeiteten, machen konnten. Wir Aerodynamiker hatten aber durchgesetzt, daß unser Urlaub, auch wenn er auf Gorodomlia absolviert wurde, von der Leitung zu respektieren war. Die von der Arbeit Abwesenden durften auch in dringenden Fällen nicht ins Institut beordert werden. Unsere Forderung, es möge so verfahren werden, als seien die Mitarbeiter ebenso unerreichbar, wie wenn sie zur Touristik ans Meer oder in die Berge gefahren seien, wurde anerkannt.

Im ganzen hatten wir mehr Mußezeit als die Kollegen in europäischen Städten, bei denen meistens ein langer Weg zwischen Wohnung und Arbeitsstelle die frei verfügbare Lebenszeit kürzt. Es blieb uns aus noch einem anderen Grunde mehr Zeit als dem Großstädter, weil alle politischen Tagesneuigkeiten ziemlich unbeachtet an uns vorbeiflogen. Zwar bezogen wir deutsche Zeitungen. Aber sie trafen zwei bis drei Wochen verspätet ein. Die Schlagzeilen, mit denen Journalisten ihre Leser von einem zum anderen Tag in Atem halten möchten, sie sind dann uninteressant geworden. Wir durchblätterten die Zeitungen flüchtig und lasen sie nicht. In jeder Familie gab es einen Radioapparat. Wir konnten auch deutsche Sender hören. Doch die Probleme der Heimat waren von den unsrigen so verschieden, daß wir Nachrichtensendungen nur ganz selten und sehr unregelmäßig hörten. Um russische Tageszeitungen zu lesen, um russische Rundfunkmeldungen zu verstehen, dazu fehlten den meisten Deutschen die Sprachkenntnisse. Also berührten uns die Probleme der Außenwelt kaum, die Zeit, die der Europäer zum Zeitunglesen und Rundfunkhören aufwendet, die er durch späteres Nachdenken über die Informationen und durch Gespräche mit anderen über deren Inhalt zusätzlich verbraucht, alle diese Zeit sparten wir, sie vergrößerte unseren Freizeitfonds.

Es hatte viele Anläufe zum Sprachenlernen gegeben. Ein erstes gutes Lehrbuch der russischen Sprache, von Herrn Steinitz verfaßt und in der sowjetischen Besatzungszone Deutschlands gedruckt, galt als Grundlage zu Sprachkursen, die die russischen Dolmetscherinnen für Interessenten abhielten, oder für den Privatunterricht, den meiner Frau und mir die sprachkundige Frau Schmiedel erteilte. Die Russen erlernten sehr viel schneller die deutsche Sprache als wir die ihre. Absolut gesehen ist die russische Sprache komplizierter als die deutsche. Und der Weg von der schwierigen Sprache zur einfacheren ist leichter zu gehen als der Weg in umgekehrter Richtung.

Im ersten Inseljahr setzte ich auch mit Liddy unsere schon in Wildemann und Bleicherode begonnenen Übungen fort. Morgens, eine Stunde vor Dienstbeginn, hörten wir einander das Vokabelpensum ab oder schrieben wechselseitig Diktate. Dennoch blieb sowohl bei uns als auch im allgemeinen bei den anderen sich mühenden Deutschen das Niveau der russischen Sprachkenntnisse sehr niedrig.

Es gab Ausnahmen. Erich Apel, der Werkstattleiter und spätere deutsche Maschinenbau-Minister, er konnte schon sehr bald fließend russisch sprechen, was ihm zu einem engen Kontakt mit der sowjetischen Inselleitung sehr nützlich war. Dr. Franz Lange, ein Steuerungsmann, hielt schon bald auf einer Sitzung des wissenschaftlichen Rates in Moskau seinen Vortrag in russischer Sprache.

Herr Schmidt, der Physiker, hatte so gut die russische Sprache erlernt, daß er die Tageszeitungen lesen konnte. Er ließ im Juli und August des Jahres 1948 Hellmut Frieser und mich an einer aufregenden Berichterstattung über ein wissenschaftliches Ereignis teilnehmen.

In der »Prawda«, der Moskauer Hauptzeitung, wurden alle zur Tagung der Landwirtschaftsakademie gesprochenen Reden und Diskussionsbemerkungen im vollen Wortlaut wiedergegeben. Es handelte sich um den Angriff des Emporkömmlings Lyssenko, der sich der besonderen Gunst Stalins erfreute, auf die biologische Wissenschaft. Es war ein Versuch, mit politischen Argumenten die traditionelle Biologie umzubiegen. Der falsche Prophet Lyssenko versprach, die Agrarerträge wesentlich steigern zu können.

Vielleicht vermutet der Leser, die Russen hätten einen Teil unserer Freizeit mit politischen Veranstaltungen belegt. Darin aber waren sie sehr zurückhaltend. Sie beschränkten sich im wesentlichen darauf, uns aufzufordern, zu ihren beiden großen politischen Jahresfesten, dem ersten Mai und dem Tag der Oktober-Revolution, Girlanden aus Fichtenzweigen zu winden, die dann die Verwaltungsgebäude und das Institutsgebäude zierten. Ganz selten wurden wir zu einem Meeting in den großen Saal des Restaurants gerufen. Etwa als Protest gegen die amerikanischen Atombomben, zu einer Zeit, als die Sowjetunion selbst noch keine Atombomben produzierte und vorgeschlagen hatte, überhaupt auf die Verwendung der Kernenergie als Waffe zu verzichten.

Im zweiten Inselsommer hatte Herr Gröttrup versucht, einen politischen Diskussionsklub ins Leben zu rufen. Sein Ziel war es, die Deutschen mit den Gedanken von Marx und Engels bekannt zu machen sowie die staatliche Organisation und die Wirtschaftspolitik der Sowjetunion zu erläutern. Schon war mit flott gezeichneten Plakaten, die im Institut und im Klubgebäude angeschlagen waren, zur Gründungsveranstaltung eingeladen worden, als die russische Inselverwaltung das ganze Unternehmen verbot. Erst in den allerletzten Monaten unseres Inselaufenthaltes, als uns die Termine zur Heimfahrt schon bekannt waren, da gab es politische Vortragsveranstaltungen. Die deutsch sprechenden russischen Ingenieure referierten über die Geschichte der Kommunistischen Partei in der Sowjetunion auf der Grundlage eines von Stalin verfaßten Buches.

Als Freizeitbeschäftigung meldete sich zuerst der Sport. Schon in den ersten Inselwochen schnallte man die aus Deutschland mitgebrachten Ski-Bretter an, glitt durch die Wälder, fand flache Übungshänge und baute sogar eine ganz bescheidene Sprungschanze auf. Ich lief so intensiv Ski, daß ich mich rühmen konnte, sogar im Sommer noch an manchen steilen Waldwegen, die dann durch einen dichten Belag von Kiefernnadeln geglättet waren, zu stürzen, wo ich es im Winter praktiziert hatte.

Im Frühjahr fanden sich bald die Faustballer zusammen, um auf einem Platz neben dem Restaurant zu üben. Herr Zeise, der Thermodynamiker, hatte ein Faible, den Schiedsrichter zu spielen, und er übte dieses Amt mittels einer Trillerpfeife souverän aus.

Größere Aufmerksamkeit bei den Zuschauern erreichten die Tennisspieler. Die Initiatoren hatten eine Gemeinde gewinnen können, die damit begann, das Gelände zu Spielplätzen einzuebnen. Dann wurden mühsam, mit kleinen Hämmern, Ziegelsteine zertrümmert, um den roten Sandbelag des Platzes zu schaffen. Gertrud und Liddy beteiligten sich sehr aktiv an diesen Aufbauarbeiten. Denn proportional zu den geleisteten Aufbaustunden wurden die späteren Spielstunden zugeteilt.

Die hohen Umgrenzungszäune, die jeder Tennisplatz haben muß, damit fehlgeschlagene Bälle nicht allzuweit vom Spielfeld niedergehen, umspannten wir mit engmaschigen Fischnetzen, die man in Ostaschkow hatte kaufen können. Tennisschläger und Tennisbälle wurden aus Moskau als Sammelbestellung herangeschafft. Den hohen Schiedsrichterstuhl zimmerten unsere Handwerker, ebenso wie auch die Sitzbänke zu beiden Seiten des Spielfeldes. Als alles fertig war, konnte im Sommer nach streng eingehaltenem Stundenplan von morgens um 5 Uhr bis abends um 21 Uhr gespielt werden. Bald stritt man in allen Spielerklassen erbittert um die Trophäe »Inselmeister«. Das Finale im Herreneinzel zwischen Ulrich Brancke und Manfred Blasig ging über acht Sätze. Die Spiele waren für uns ebenso spannend und ebenso bedeutend wie für die Engländer die Ausscheidungen im Wimbledon-Turnier.

Im zweiten und dritten Jahr unserer Eremitage traten die

Bootsbauer auf den Plan. Die kleinen Schiffchen von der Größe zwei- bis dreisitziger Paddelboote wurden entworfen, konstruiert und gefertigt in Heimarbeit. Bald schwamm eine ganze Flottille schmuck gestrichener Boote auf dem Binnensee. Gertrud und ich liehen uns zum Wochenende ab und zu Herrn Kloses Boot aus, ließen uns auf dem See treiben und lasen einander vor aus Hermann Hesses Büchern »Siddhartha« und »Peter Camenzind«. Sogar auf dem großen Außensee durfte innerhalb einer festgelegten Begrenzung gepaddelt und gesegelt werden. Denn manche der kleinen Boote hatten schon bald Mast, Segel und Schwert erhalten. Wieder durften Gertrud und ich morgens vor Dienstbeginn Herrn Kloses Boot benutzen.

Der große See lag ganz ruhig und leuchtete ebenso klar wie der hohe, zartblaue Himmel. Das Boot glitt leise, nur von leichten Paddelschlägen getrieben, auf eine Schilfinsel zu. Ein wundervoller Morgen. Die Sonne stand noch ganz niedrig im Nordosten. Plötzlich mehrere harte Knalle, Gewehrschüsse! Erschrockene Enten flatterten auf. Hinter dem Schilf versteckt, hatten russische Jäger in ihrem Boot gesessen und geschossen, ehe die Enten durch unser Herankommen verjagt worden wären.

Zu Ende Mai und Anfang Juni war nicht nur die Luft warm geworden, auch das Wasser des großen Sees hatte sich erwärmt. Es regte sich die Lust zu baden. Der Binnensee erwies sich als ungeeignet, da sein Boden stark verschlammt war. Das Ufer des großen Sees lief im Süden und im Westen unserer Insel in einen flachen, feinsandigen Strand aus. Doch mußte der deutsche Leiter alljährlich ziemlich lange mit dem russischen Inseldirektor verhandeln, ehe der Strand zum Baden freigegeben wurde. In späteren Jahren begann der deutsche Leiter, durch Erfahrung gewitzt, das Verhandeln schon an noch kühlen Tagen, so daß, wenn es warm geworden war, der Strand uns zur Verfügung stand. Unser

Badegelände war groß und weitflächig bemessen, so daß es dort auch an heißen Tagen, wenn viele Menschen zum Strand gewandert waren, kein Gedränge gab, wie es in der Gegenwart zur Ferienzeit am Ostseestrand üblich ist.

Manchmal zogen wir im Sommer zum sehr frühen Sonnenaufgang an den Badestrand. Auch in den Sommernächten, in denen es nie ganz dunkel wurde, stürzte man sich nach fröhlichen Feiern im Freundeskreis ins Wasser. Zu diesen Tageszeiten brauchten die Freunde des Freibadens sich nicht besonders zu verstecken. Man muß bedenken, daß unbekleidetes Baden in Deutschland zur Herrschaftszeit der Faschisten, die von 1933 bis 1945 währte, generell verboten war. Zwar hatten Enthusiasten das Verbot an einsamen Seen immer wieder gebrochen, aber sie konnten doch von der Polizei überrascht und bestraft werden. Heute, zu einer Zeit, in der es offiziell eingerichtete Bäder der Freikörperkultur in Städten gibt, an jedem Strand der Ostsee ist ein Gelände für Freikörperkultur reserviert, an jedem einsamen Waldsee wird unbekleidet gebadet, heute kann man sich nur schwer vorstellen, daß damals noch unter den meisten Deutschen prüde Anschauungen wie im viktorianischen Zeitalter hinsichtlich der Badebekleidung galten.

Der Freundeskreis fand aber zum Sonnen einsame Buchten am See oder einsame Lichtungen in den Wäldern.

An einem warmen Nachmittag wanderte ich nach Dienstschluß zusammen mit Hellmut Frieser über schmale Wege unter dichtstehenden Kiefern. Unsere Frauen hatten den strahlenden Tag zum Sonnenbaden genutzt. Nun wollten wir sie verabredungsgemäß treffen. Blieben an bezeichneter Stelle unschlüssig stehen. Blickten in die Runde. Niemand war zu sehen. Bis wir fröhliches Lachen ganz aus der Nähe hörten. Da sahen wir die beiden Amazonen. Jede stand ganz still vor einem großen Kiefernbaum. Und die braungolden gebrannte Haut der unbeweglich Gebliebenen hatte wie eine vorzügliche Tarnung vor den ebenso leuchtenden Kiefernstämmen gewirkt. Kaum dreißig Meter entfernt standen die beiden. Und nun stürzten auch die jüngsten Töchter, die sich hinter Farn-Stauden verborgen hatten, auf uns zu.

In einem der späteren Inselsommer hatte Gertrud und mich die Lust gepackt, nächtlicherweise einmal in dem großen Wald zu zelten. Wir bauten uns aus den verfügbaren Materialien, das waren Besenstiele, Wäscheleinen und blauer Vorhangstoff, den Gertrud zurechtschnitt und vernähte, ein kleines Zelt, stellten es im Walde auf. Luden Ilse und Hellmut Frieser abends zu einer Flasche Rotwein vor unserem Minizelt ein. Als die Freunde in der hellen Sommernacht fortgegangen waren, als die feingezeichneten nahen Fichten wie filigrane Scherenschnitte vor dem klaren Himmel standen, als Nachtvögel aus Sträuchern ihre Lieder zwitscherten und flöteten, da fühlten wir uns ganz glücklich.

Am frühen Morgen bauten wir das Zelt ab, legten es zusammen und bemühten uns, ungesehen die Wohnung zu erreichen. Denn den meisten Mitbewohnern von Gorodomlia mußte solches Zelten, wenn sie davon erfahren würden, als vollständige Verrücktheit erscheinen. Wir langten früh genug daheim an. Gertrud konnte zum Morgenturnen eilen. Denn frühmorgens, vor dem Frühstück, lief Gertrud zur Sommerzeit regelmäßig im Sportdreß aus dem Hause. Traf sich mit einer Gruppe junger Mädchen und Frauen zum Turnen am Barren, der am nahen Waldrand aufgestellt war. Ursprünglich errichtet von einem Kollegen zur körperlichen Ertüchtigung seiner jungen Buben.

Eine ebenso gewichtige Rolle wie der Sport spielte auch die Kunst. Ganz zu Anfang unserer Inselzeit, im ersten Winter, als wir uns in kleinen Wohnungen eingerichtet und genügend Holz zum Heizen eingebracht hatten, da luden uns die Friesers, als die in der Wohnung über uns wohnenden Nachbarn, zu einem Kammerkonzert ein. Hellmut Frieser, der Initiator, spielte Cello, die Geige strich Herr Dr. Reichardt, ein Mathematiker, später Professor der Berliner Universität, und am Klavier saß Herr Schmiedel. Viele Gäste, für die die kleine Wohnung fast zu eng wurde, hörten zu. Allen hat dieses Konzert Mut gegeben. Sie hörten Schubert und Beethoven, sie erkannten, daß wir uns trotz der Inseleinsamkeit nicht von den Schätzen der Kultur getrennt zu fühlen brauchten. Allerdings, im Gegensatz zum modernen Großstädter, der sich nur eine Eintrittskarte zu besorgen hat und ansonsten passiv bleibt, mußten wir uns selbst die geistige und künstlerische Umwelt schaffen.

Kammermusikalische Darbietungen erlebten die Inselbewohner in allen Jahren. Im Sommer auf der Waldbühne, einem natürlichen Amphitheater, im Winter im Club, dem großen Saal des Restaurants. Zur Sommerzeit spielte das Quartett – ein Bratscher war hinzugekommen – ab und zu während des wöchentlichen Übungsnachmittags vom Balkon der Frieserschen Wohnung aus, zur Freude der Vorübergehenden.

Überhaupt verdanken die Insulaner Hellmut Friesers Aktivität sehr viel. Neben dem Kammerquartett gründete er einen Mädchen-Chor – Gertrud und Liddy sangen auch mit –, der vielstimmig Werke alter Meister vorführte. Vorgestellt hatte sich dieser Chor mit einem öffentlichen Konzert im Freien. Unter dem Motto »Eine kleine Nachtmusik« sang der Chor an einem späten, noch warmen Herbstabend auf dem freien Platz vor dem Institutsgebäude. Ein anderes Mal hörte man im großen Saal des Clubs das Lied der Senta und den Chor der Spinnerinnen aus dem »Fliegenden Holländer«. Die Frau von Herrn Wolff war Opernsängerin gewesen, sie sang die Senta, Herr Schmiedel am Klavier vertrat das ganze große Wagner-Orchester, und am Dirigentenpult stand Hellmut Frieser. Professor Schütz, Leiter des Sektors Meßtechnik, und sein Mitarbeiter, Dr. Schmidt, luden einmal zu einer literarisch-musikalischen Veranstaltung ein. Auf dem Programm stand »Die Hochzeit des Figaro«. Herr Schmidt erläuterte das Entstehen von Beaumarchais' Drama in der geistigen Vorbereitungsphase zur Französischen Revolution, Frau Wolff sang Arien aus Mozarts Oper.

Herr Klose hatte sangeslustige Frauen und Männer zu einem gemischten Chor gesammelt. Dieser Chor sang vor unserem Hause zur Hochzeit meiner Schwägerin Liddy mit Herrn Conrad. Die beiden jungen Leute waren einander nahegekommen; nichts stand einer Heirat im Wege. Aber damals herrschte bei den Russen noch keine Klarheit, ob sie Deutsche standesamtlich trauen konnten. Von 1945 bis 1949 gab es in Deutschland keine zentrale Regierung, also gab es auch keine konsularischen Verwaltungen in der Sowjetunion. So suchten wir nach einer anderen Möglichkeit. Einige von uns meinten, das deutsche Kollektiv auf der Insel könnte mit den Passagieren eines Schiffes auf hoher See verglichen werden. Und der Kapitän des Schiffes dürfte wie ein Standesbeamter auf dem Lande Ehen schließen. Als Kapitän kürten wir den würdigsten, den Alterspräsidenten, Professor Walter Pauer. Dieser war aber zurückhaltend und schlug ein etwas modifiziertes Verfahren vor. Die Trauzeugen, es fungierten Herr Schwarz, Herr Kirchner, der Verwaltungsassistent des Herrn Gröttrup, und ich, wir unterschrieben zusammen mit dem Vorsitzenden, Herrn Pauer, eine eidesstattliche Willenserklärung der Heiratskandidaten. Sie bestätigten, die Ehe eingehen zu wollen und bei erster Gelegenheit die Ehe von einem deutschen Standesamt sanktionieren zu lassen. Für die Insulaner galt die Ehe trotz dieser vorsichtigen Formulierung als geschlossen. Und bei der späteren standesamtlichen Bestätigung, zuerst nach einem Jahr von den Behörden der Kreisstadt Ostaschkow und dann in Deutschland, wurde unser Gorodomlia-Termin als Tag des Eheschließens anerkannt. Beim abendlichen Hochzeitsschmaus in unserer Wohnung vertraten meine Frau und ich die Brauteltern. Liddy trug Brautkleid und Brautschleier. Hellmut Frieser hatte mir seinen Frack geliehen. Der Mathematiker Werner Müller, der dicke Müller, der schon einmal verheiratet gewesen war, schenkte dem Hochzeitspaar seine goldenen Eheringe. Und schließlich wurde der »Wach auf«-Chor aus Wagners Meistersingern das künstlerische Geschenk des Chores und seines Dirigenten an die jungen Eheleute.

Aber man musizierte auf Gorodomlia nicht nur klassisch. Es hatten sich Kollegen zu einer Tanzkapelle zusammengefunden, die im Club aufspielte. Und auch die leichte Muse beflügelte die Insulaner. Schon im Sommer 1947 sah man an zwei Abenden gutes Varieté mit Clowns, Sängern, Ziehharmonikaspielern, Zauberkünstlern, Pferdedompteuren von Hobby-Darstellern aus der Inselgemeinschaft geboten.

Der fünfte Geburtstag unseres Töchterchens Katrin stand bevor. Ich erinnerte mich, wie viele Freude mir in der Jugend Verse und Bilder des Arztes Heinrich Hoffmann in seinem »Struwwelpeter«-Buch gemacht hatten. Dieses Buch konnte ich auf Gorodomlia nicht kaufen, aber Gertrud, Liddy und ich, wir erinnerten uns an viele der Verse und schrieben sie auf. Doch ein besonderer Reiz des Buches hatte in seinen munteren Bildern gelegen. Ich bemühte mich, sie aus dem Gedächtnis nachzuzeichnen. Zeichnete auf weiße Kartonbögen mit der Tuschefeder und malte mit Farben aus meinem Aquarellkasten. Auf der Oberschule hatte ich im Werkunterricht das Buchbinden gelernt. So bekam das Töchterchen ein richtig gebundenes Struwwelpeter-Buch.

Als Oberschüler hatte ich auch gern gezeichnet und gemalt. Mit Kreiden oder mit Aquarellfarben Landschaften, mit dem Zeichenstift Porträts. Zeitweilig hatte mich die Lust zum Malen so gepackt, daß ich mir vornahm, später Maler zu werden. Aber dann hatte mich mein Technik-Studium in Hannover voll und ganz eingefangen, es hatte alle musischen Regungen verdrängt. Nur ganz selten noch porträtierte ich den einen oder anderen Kommilitonen mit dem Bleistift. Hellmut Frieser ermunterte mich, als er mein Buch durchgeblättert hatte, doch auch andere Motive, zum Beispiel Landschaften, zu wählen. Er selbst hatte während seiner Studentenzeit viel gemalt, zusammen mit einem Studienfreund, dem Sohn des Malers Lyrich, des Direktors der Dresdener Kunstakademie.

Mit diesen Impulsen begann ich wieder zu zeichnen und zu malen. Zuerst Federzeichnungen von Bäumen, in die ich mit grauverdünnter Tusche die Schatten und Tiefen einpinselte. Dann aber zwang mich alles Leuchten des Inselsommers zum farbigen Malen.

Tiefblauer klarer Himmel, vor dem wenige helle Wolken schwimmen. Hochstämmige Kiefern. Das Grüngolden ihrer Kronen. Hinter dem Wiesenhügel, gesäumt von großen, gelben lilienartigen Blumen das braunhölzerne Bauernhaus. – Anderentags, während meines Insel-Urlaubs: Über den Binnensee, an dessen Ufer ich sitze, türmen sich mächtige filigrangegliederte Barockwolken vor dem weiten Himmel. Der See spiegelt das Helle der Himmelswolken, aber auf jeder der leichten Wellen im Vordergrund zeichnen sich, spiegelnd wie dunklere Schatten, die Farben des Kiefern- und Fichtenwaldes hinter mir.

Oder ein anderer Blick: Früher Morgen am Strand. Die Sonne hat sich gerade vom Horizont gelöst. Ihr Licht verschmilzt mit nun zarten Nebeln von fernen Ufern. Und ganz nah, quer über das Bild, reicht eine dunkle Sandbank mit ausgetrocknetem Schilf des Vorjahres. Davor helles Wasser mit wenigen Wellen, über die glitzernd der Sonnenreflex zieht. Und gleich vor mir der trockene Sand, ein zartes Orange, gerahmt von wenigen trockenen Grasbüscheln.

Bald konnte ich mir auch Ölfarben beschaffen. Leinenstoff erstand ich im Universalkaufladen. Von unseren Chemikern hörte ich, daß das mir noch fehlende Terpentinöl zum Verdünnen und Auftragen der Farben ganz gut durch Benzin ersetzt werden kann. So ausgerüstet – meine Frau hatte mir zum Geburtstag von einem freundlichen Handwerker noch eine Staffelei anfertigen lassen – wagte ich es auch hin und wieder, Landschaften in Öl zu malen. Von Friesers sechzehnjähriger Tochter malte ich mit dieser Technik ein Porträt. Es war Winter. Die besonders dunkle Jahreszeit. Spät geht die Sonne auf, und früh versinkt sie schon am Nachmittag. Als einzige Tagesphase mit ausreichendem Licht blieben die Mittagsstunden. Das Mädchen besuchte uns an jedem Sonntag und saß mir Modell.

Herr Hoppe, der Physiker und Astronom, pflegte eine Art von lustiger Miniatur-Malerei. Auf kleine Gläser zeichnete er mit Tusche Episoden aus dem Inselalltag. Kolorierte die Bilder und projizierte sie an die Wand zur Unterhaltung seiner Freunde. Einmal hatte er in fortlaufender Bilderfolge die Geschichte der Insel Gorodomlia dokumentiert, beginnend mit galaktischen Nebeln in grauer Vorzeit, als die Erde zu erkalten begann, und endend bei unserem Holzsägen im Walde und bei den Rendezvous von Liddy und Oswald Conrad zu Waldspaziergängen.

Sogar Zeichenunterricht für die Kleinsten gab es. Unsere Tochter nahm mit anderen noch nicht schulpflichtigen Kindern an einem Lehrgang teil, den der Ingenieur Närr leitete. Katrins Zeichenheft füllte sich mit exakten Bildern von Tassen, Tieren, Häusern und Menschen. Der Lehrer ließ ebenso systematisch zeichnen, wie die Schulanfänger das Schreiben von Buchstaben erlernen müssen. Die Zeichenhefte waren reihen- und blattweise gefüllt mit Tassen neben Tassen, Häusern neben Häusern, zwanzig auf jeder Seite.

Als im ersten Sommer der General Gonor die Insel besuchte, – wir sahen ihn nur aus der Ferne – da bemängelte er gegenüber der russischen Inselleitung, daß in unserem Dorfe keine Vorgärten existierten. Er habe solche Gärten überall in Deutschland gesehen. Er wies an, sie auch bei uns einzurichten. Damit hatte er für die Wünsche der meisten Deutschen genau ins Schwarze getroffen. Freie Flächen gab es in ausreichendem Maße, und bald erhielt jede Familie vor ihrem Wohnhaus jenseits des Weges einen Streifen Landes zum Herrichten als Garten zugewiesen. Ein allgemeiner Gärtner-Wettstreit begann. Viele ließen sich aus Deutschland Blumen- und Gemüsesamen schicken. Bald sah man schönstes Blühen prächtiger Blumen, aber auch Stauden von Bohnen, Erbsen und Tomatenpflanzen sowie Möhren, Zwiebeln und Erdbeeren. Manche der Kollegen opferten für dieses Hobby alle Freizeit. Einen besonders gepflegten Garten mit Musterbeeten konnte Herr Blass, der Leiter des Konstruktionssektors, vorweisen. Die Gartenarbeit gehörte nicht zu meinen Hobbys. Ich hätte bei einem offiziellen Wettbewerb nur einen der letzten Plätze belegen können. Im zweiten Jahre des Gartenbaus sägte ich mir aus jungen Fichtenbäumen lange Bohnenstangen. Grub sie ein, wie ich es bei kundigen Kollegen gesehen hatte. Ich wurde aber sehr verlegen, als später meine Bohnenpflanzen trotz verstärkter Pflege und eifrigen Gießens gar keine Anstalten machten, sich an den Stangen aufwärtszuranken. Nein, sie wurden nicht größer als fußhoch. Ich mußte beschämt einsehen, daß ich statt Kletterbohnen die Buschbohnen gesät hatte.

Raketen-Design: Vor den Gorodomlia-Entwürfen bis zu den übergroßen Sputnik-Trägerraketen

Wir Aerodynamiker führten die schon in Bleicherode begonnenen Projektarbeiten weiter, beschäftigten uns vorwiegend mit Raketen von zweitausend Kilometer Flugweite. Ein guter Konstrukteur, Herr Jurschik, war zum Sektor Aerodynamik gekommen. Er konstruierte Varianten. Wir sahen Zweistufenraketen vor, ähnlich wie sie schon von den Klassikern der Raketentechnik, von Zialkowski in Rußland und von Oberth in Deutschland, beschrieben worden waren. Die zweite Stufe erhält ein kleineres Triebwerk mit geringerer Leistung als die erste. Über das klassische Vorbild hinausgehend, konnte unsere Phantasie nach neuen Möglichkeiten suchen, das Leergewicht der Raketen zu verringern. Da wurde auch vorgeschlagen, den Raketenmotor der zweiten Stufe in den Alkoholvorrat der ersten zu senken, das hätte einiges an Länge und Tankgewicht gespart. Dann griff ich einen Gedanken auf, den schon die Peenemünder Ingenieure ausgesprochen hatten, nämlich eine Rakete ohne stabilisierende Heck-Leitwerke zu bauen. Herr Gröttrup hatte mir davon erzählt. Das Ausbalancieren des Luftmomentes in den dichten Schichten der Erdatmosphäre mit Hilfe der Leitwerke, die ähnlich wirken wie die Befiederung eines Pfeiles – der Fachmann spricht von Pfeilstabilität –, kann auch durch eine geschickt ausgewählte Form des Raketenrumpfes ohne Leitwerke geschehen. Hierbei muß der resultierende Luftangriffspunkt hinter den Massenschwerpunkt rücken. Dann spart man nicht nur die starren Leitflächen am Heck, sondern auch die beweglichen Steuerruder an deren Enden. Zum Steuern bleiben die bei der A4-Rakete verwendeten Strahlruder. Das sind schwenkbare Klappen aus Graphit, die in den Feuerstrahl verbrannter Gase ragen, diesen durch das Schwenken ablenken und dadurch ein Steuermoment erzeugen. Die A 4 hatte solche Strahlruder gebraucht für Flughöhen, in denen die großen Leitwerke und deren Steuerklappen wegen zu geringer Luftdichte schon unwirksam werden.

Wir dachten damals auch daran, die Strahlruder ganz zu vermeiden durch Schwenken des Triebwerkes. Ein automatisch gesteuerter Körper braucht keine große Pfeilstabilität. Man kann sogar noch automatisch steuern, ohne befürchten zu müssen, daß störende Luftmomente den Körper quer zur Bahn stellen, wenn die Pfeilstabilität schwach negativ wird, das bedeutet, wenn der Luftangriffspunkt ein wenig vor den Massenschwerpunkt rückt. Auch Schiffen gibt man nur kleine und bisweilen bei automatischer Steuerung sogar negative Pfeilstabilität. Damit lassen sich besonders kleine Drehkreise beim Kurvenfahren erreichen. Also verschwanden in den folgenden Entwürfen zuerst die Leitflächen der zweiten Stufe. Ich brauchte aber nur kritisch die verbliebenen Leitflächen der ersten Stufe anzusehen, um sogleich nach Körperformen zu fahnden, mit denen Stabilität auch ohne Leitflächen erreicht wird. Unter den durchgearbeiteten Varianten, die wir dem Konstruktionssektor anboten, schien die Kegelform besonders günstig. Die nur in einer Richtung gewölbten Beplankungsbleche lassen einfache Festigung erwarten.

Vorsichtigerweise hatte ich anfangs noch das Ummanteln des Haupttriebwerkes am Rumpfende bei Fortsetzen der Kegelform vorgesehen. Doch dann wäre der Enddurchmesser der Rakete zu groß geworden, zum Transport hätte die Rakete nicht mehr in das zulässige Eisenbahnprofil gepaßt. Eine neue Rechnung ließ erkennen, daß ein zylindrisches

Endstück als Ummantelung des Haupttriebwerkes für die Stabilität ausreichen würde. Schließlich konnten wir durch zusätzliches Massenverlagern sogar ganz auf den Triebwerksmantel (die Russen sagten Rubaschka, Hemd) verzichten.

Bei allen Entwürfen galt für uns das A 4-Triebwerk als ein Bauelement von unveränderlicher Größe und Leistung. Denn schon das Verdoppeln des Schubes wäre eine außerordentlich schwierige und aufwendige Entwicklungsaufgabe geworden, die wir von unserer Gorodomlia-Basis aus, ohne einen Prüfstand, damals nicht lösen konnten. Der Leiter unseres Triebwerksektors, Dr. Umpfenbach, arbeitete seinen Vorschlag zum Verbessern des A 4-Triebwerkes aus. Der autonome Antrieb einer die Treibstoffpumpen antreibenden Turbine sollte durch Gas aus dem Verbrennungsraum des Triebwerks ersetzt werden.

Wir alle blieben weiterhin vollständig isoliert von jeder Zusammenarbeit mit wissenschaftlichen Instituten. Wir waren abgeschnitten vom Kontakt mit wissenschaftlichen Bibliotheken. Wir bekamen keine Forschungsberichte aus sowjetischen Instituten. Und dazu kam noch, daß auch die Erfahrungen, die sowjetische Fertigungs- und Erprobungsingenieure mit neuen Raketen sammelten, uns nicht übermittelt wurden.

Einmal allerdings gab es eine Rückmeldung aus der Fertigungsstätte. Der russische Hauptingenieur erhob bei einer Besprechung der Sektorleiter den Vorwurf, daß die Druckprobe für die Treibstofftanks der Raketen zu einem schweren Unfall geführt habe. Rudolf Müller, unser Sektorleiter für Festigkeit, bat um Einzelheiten. Wir hörten, daß die Treibstofftanks mit Druckluft geprüft worden waren. Herr Müller konnte mit aller Ruhe auf die von ihm ausgearbeitete Prüfvorschrift verweisen, in der stünde, daß die Druckprobe mit Wasser zu erfolgen habe, und zwar gerade deshalb, um Unfälle zu vermeiden. Wenn nämlich die Festigkeit der dünnen Tankwände überbeansprucht wird, als Folge eines Materialfehlers, dann reißt der Tank. Das eingepumpte Wasser läuft aus, ohne Gefahr für die Umgebung. Bei Druckluftbeanspruchung führt das Reißen zu einem explosionsartigen Entspannen, denn die verdichtete Luft enthält im Endvolumen viel mehr Energie gespeichert als Wasser, und beim Bruch wird in kurzer Zeit eine große Leistung zum Zerstören freigesetzt.

Für uns Aerodynamiker, die wir vom eingeübten gewohnten und bequemen Weg der experimentell gestützten Entwurfsarbeit in den ersten Jahren abgedrängt gewesen waren, bestand die Notwendigkeit, nach neuen Wegen zu suchen. Das veranlaßte uns, über Formen des Raketenkörpers nachzudenken, die auch ohne aufwendiges und in jedem Falle zeitraubendes Windkanalmessen, die auch ohne Studium fremder literarischer Ausarbeitungen beherrschbar waren. Aus diesem Grunde hatte ich gern den Vorschlag aufgegriffen, die Leitwerke fortzulassen. Denn Körper mit Leitwerken müßten bei neuer Formgebung unbedingt im Windkanal vermessen werden. Der leitwerkslose Rotationskörper ist aber der Rechnung leicht zugänglich. Außerdem ist er einfacher und schneller zu fertigen.

Bei den Projektarbeiten mußten wir unsere neuen Erkenntnisse über das Aufheizen der Beplankung anwenden. Wir berechneten den zu erwartenden Temperaturverlauf. Während der Antriebsphase auf dem ansteigenden Bogen der Flugbahn steigt die Temperatur noch nicht extrem hoch. Aber Leichtmetall, das man anfänglich als Baustoff vorgesehen hatte, würde doch schon so starke Festigkeitseinbuße erleiden, daß man es durch Stahlblech ersetzen mußte. Beim Fluge auf dem abwärts weisenden Bogen aber waren große Schwierigkeiten durch extrem hohe Temperatur vorauszusehen. Denn dort ist das den Wärmeübergang forcierende

Produkt aus Luftdichte und Fluggeschwindigkeit groß. Sogar die Stahlbeplankung würde alle Festigkeit verlieren. Die Transportlast mußte vom verglühenden Raketenrumpf getrennt werden. Dieser kleinere Transportkörper könnte, so dachten wir anfangs, mit genügend dicker Wandstärke gebaut werden.

Zuerst hatten wir an einen schlanken, zugespitzten Körper mit herausklappbaren Stabilisierungsflächen am Heck gedacht. Aber dieser schlanke Körper wäre beim Niederstürzen zur Erde sehr wenig abgebremst worden. Der Ballistiker errechnete höhere Geschwindigkeit als für die ganze Rakete, und nach den Temperaturrechnungen wäre ein außerordentlich dicker und schwerer Stahlmantel nötig geworden, so schwer, daß er die Reichweite der Rakete gemindert haben würde. Wir konnten dem nur entgegenwirken, wenn wir die ganze große Raketenspitze als Lastträger abtrennen und weiterfliegen ließen. Deren großer Durchmesser sorgte für größeren Widerstand, genügendes Abbremsen und noch beherrschbare Temperatur.

Das spitze Vorderteil einer Kegelrakete würde nach dem Abtrennen zuwenig in den dichten Schichten der Erdatmosphäre gebremst, die Temperatur würde zu groß. Wir entwickelten eine neue Form, und zwar einen Kreiszylinder, an den sich als Stabilisierungsmantel der Kegelstumpf anschließt. Kollektive Arbeit zwischen Entwurfsmann, Ballistiker und Konstrukteur hatte uns zu dieser Formvariante geführt. Sie wurde später bei der Verwendung zu den amerikanischen Gemini- und Mercuri-Raumkapsel in der Öffentlichkeit sehr bekannt. Ich weiß nicht, ob amerikanische Ingenieure die Form unabhängig von uns gefunden hatten, oder ob sie von Mitgliedern unseres Raketenkollektivs, die nach Rückkehr in die Heimat und Weiterwanderung in den USA landeten, bekannt gemacht worden war.

Aber zurück zur Gorodomlia-Arbeit. Bei diesem Entwicklungsstand kam mir die Idee zu einer wesentlichen Verbesserung mehrstufiger Raketen. Bis dahin hatte man vorgesehen, während des Fluges nach Leerbrennen der vorangegangenen Stufe das Triebwerk der folgenden Stufe zu zünden. Das ist realisierbar, läßt aber auch Störungen voraussehen. Wir hatten gehört, daß bei der Erprobung von A 4-Raketen bisweilen das Triebwerk nicht gezündet hatte. Bei der Einstufen-Rakete kann man den Start abbrechen, den Fehler suchen und beseitigen. In der Luft ist das beim Zünden von Mehrstufentriebwerken nicht möglich. Der Schwierigkeit, hoch oben in der Luft zünden zu müssen, konnte man entgehen, wenn alle gleichgroßen Triebwerke am Raketenheck in Dreier- oder in Viererformation nebeneinander liegend angeordnet werden. Nach Ausbrennen einer genügenden Treibstoffmenge wird dann ein Triebwerk nach dem anderen zur Massenverringerung abgeworfen. Die beiden starren Treibstoffbehälter für Alkohol und flüssigen Sauerstoff, die an Masse wesentlich geringer als ein Triebwerk sind, fliegen bis zum endgültigen Brennschluß mit.

Herr Jurschik arbeitete einige Varianten konstruktiv aus. Später waren wir arg enttäuscht, weil sich die Russen nie zu diesen Vorschlägen äußerten, weder zustimmend noch kritisch. Das Kollektiv arbeitete weiterhin vollkommen isoliert von sowjetischen Entwicklungsstellen. Nichts von den Forschungs- und Entwicklungsergebnissen der parallel arbeitenden sowjetischen Gruppen wurde uns bekannt.

Minister Ustinow besuchte das deutsche Kollektiv nur zweimal. General Gaidikow kam auch nicht häufiger. Einmal, als ich mich beklagte über das Abgeschnittensein von allen technischen Berichten außerhalb des Kollektivs, antwortete der General nur: »Sie sind Wissenschaftler, schreiben Sie sich Ihre Literatur selbst.« Herr Korolow besuchte das Kollektiv häufiger. Aber auch er übermittelte nichts von eigenen Ergebnissen und Erfahrungen und stellte niemals unseren Entwürfen eigene entgegen.

Im Jahre 1949 erschien bei Herrn Gröttrup der Oberst Spiridonow, der Hauptingenieur des Moskauer wissenschaftlichen Instituts 88. Er forderte, daß das Kollektiv deutscher Spezialisten innerhalb von drei Monaten ein ganz neues Projekt ausarbeiten sollte für eine Rakete, die dreitausend Kilometer weit fliegen und dabei eine Last von drei Tonnen schleppen müßte. Als ich das hörte, protestierte ich sofort. Aber nicht nur mir, sondern auch allen anderen erschienen Aufgabenstellung und Termin ganz unrealistisch. Hatten wir nicht zwei Jahre gebraucht, um für die Flugentfernung von zweitausend Kilometern mit nur einer Tonne Last zu projektieren?

War es vorstellbar, daß nun in so einer kurzen Zeit eine Rakete entworfen werden könnte, deren Last verdreifacht und deren Flugweite um 50 Prozent gesteigert wird? Herr Gröttrup erzählte, daß er nicht nur geschimpft, sondern getobt habe. Alles ohne Wirkung. Herr Spiridonow habe ungerührt und unerschütterlich wie eine Buddha-Statue gesessen und als Antwort immer nur seine Forderung wiederholt. – Der starke Wille des Auftraggebers setzte sich auch durch.

Nach einer ersten Arbeitsphase legten die Aerodynamiker zwei Projekte vor. Zuerst ein Überschallflugzeug, das von einer einstufigen Trägerrakete des Typs G 1 hochgeschossen wird. Das Flugzeug erhält ein Triebwerk mit Stoßverdichtung. Es sollte mit Brennkammern des Junkers-Triebwerkes Jumo 004 arbeiten. Dieses Projekt hatte Oswald Conrad durchgerechnet.

Das zweite Projekt sah eine ballistische Variante vor. Drei Raketen des Typs G 1 werden nebeneinanderstehend beim Start zu einer dicht gebündelten Einheit verbunden. Die als letzte Stufe geltende Rakete trägt alles Steuergerät und die

Transportlast, die beiden anderen Raketen sollten nach dem Leerbrennen auf der Flugbahn abgetrennt werden. Beim Start arbeiteten zwei Triebwerke. Das Triebwerk des Lastträgers wird nach Leerbrennen der Startraketen gezündet.

Um diese Zeit hatten aber unsere Triebwerkspezialisten doch den Schritt zu einem größeren Triebwerk mit einem Schub von 80 Megapond gewagt und schon ein erstes Projekt erarbeitet. Herr Blass und sein Konstruktionssektor entwickelten auf der Grundlage dieses Triebwerks und unserer Kegelraketen – vorn mit dem zylindrischen Transportkörper – das Projekt einer einstufigen ballistischen Rakete von 40 Tonnen Startmasse. Auf diesen Entwurf einigte sich das Kollektiv als Hauptvariante. Die Rakete erhielt die Typenbezeichnung R 14. Das Überschallflugzeug wurde als Nebenvariante weitergereicht.

Also war durch starken Druck, den die Verwalter ausgeübt hatten, tatsächlich nach drei Monaten das Projekt fertig geworden. Aber ich muß alle auf technischem Gebiet unkundigen Verwaltungsleute vor einer Illusion warnen. Es ist nicht möglich, generell durch Druck und verkürzte Terminstellungen ein höheres technisches Entwicklungstempo zu erzwingen. In unserem Falle kamen der Aufgabenstellung alle Erfahrungen zugute, die das Kollektiv in zurückliegenden Jahren mit Raketen geringerer Leistung erworben hatte.

Abgesehen von einer Flugzeugabwehr-Rakete, die in den Jahren 1950/51 entwickelt wurde, war das unser letztes Projekt gewesen.

Die Flugzeugabwehrrakete muß, im Gegensatz zur Fernrakete, während des Fluges manövieren können, sie muß sich, mit hoher Geschwindigkeit fliegend, in Kurven einsteuern lassen. Das Fliegen verhältnismäßig enger Kurven ist nur möglich, wenn der Zentrifugalkraft eine gleich starke Luftkraft entgegenwirkt. Dazu ist ein Tragflügel notwendig. Er kann klein gehalten werden. Oswald Conrad wählte einen für den Überschallflug günstigen Dreieckflügel aus.

Dieses Projekt wurde von uns, ebenso wie das R 14-Projekt, nicht mehr, so wie es noch beim G 1 geschehen war, vor dem wissenschaftlichen Rat in Moskau verteidigt. Man rief an einem ganz normalen Arbeitstag die beim Projekt beteiligten deutschen Sektorleiter in das große Arbeitszimmer des russischen Insel-Direktors. Das Zimmer lag zentral im Institut. Durch seine großen Fenster sah man nach Süden. Sah auf die Schneise der Vorgärten, sah auf die säumenden Wohnhäuser und auf die umrahmenden großen, dunklen Kiefernwälder. Die Wände des Zimmers waren blaßgelb gestrichen. Nur ein einziges großes Bild, das obligatorische Porträt des Staatschefs in Marschalluniform. Darunter ein breiter Schreibtisch. Auf einem Tablett eine Kristallkaraffe mit Wasser und Trinkgläsern. Ein Marmoraufsatz zum Ablegen des Schreibzeuges. Ein Telefonapparat. Auf dem Boden des Raumes ein sehr großer, schöner flauschiger Perserteppich mit blaudunklem Untergrund, darauf arabeske Muster in Beige, Braun und blassem Rot.

Auf einem quer zum Schreibtisch stehenden langen Tisch lagen die soeben fertig gewordenen Konstruktionszeichnungen der Flugzeugabwehrrakete gehäuft. An die den Fenstern gegenüberliegende Wand hatte man eine aus mehreren großen Bogen weißen Zeichenkartons zusammengesetzte farbige Gesamtzeichnung der neuen Rakete geheftet. Unter diesem Raketenbild saßen wir deutschen Sektorleiter auf hochlehnigen Stühlen. Uns gegenüber, vor den Fenstern, die Mitglieder der das Projekt inspizierenden russischen Kommission. Diese hatte schon einen Vortrag des russischen Hauptingenieurs von Gorodomlia angehört, ehe wir im Vorzimmer Versammelten hereingerufen wurden. Am Schreibtisch saß präsidierend der General Gaidukow, neben ihm, aber in Zivilkleidung, Herr Korolow. Das Gespräch beschränkte sich wieder auf das rein Dienstliche. Denn als die Mitglieder der deutschen Gruppe hereinkamen, hatten die sowjetischen Raketenspezialisten schon Platz genommen. Uns wies man zu den freien Plätzen an der gegenüberliegenden Seite.

Es sollte jeder Sektorleiter über seine Arbeit zum Projekt berichten. Dann folgten einige kurze sachliche Fragen von Mitgliedern der Kommission. Von mir wollte man Einzelheiten über die Auslegung des Tragflügels wissen. General Gaidukow bat dann um die Begründung seiner ungewohnten Form. Hierzu antwortete sogleich Herr Korolow: »Diese Form ist nicht neu, der Göttinger Aerodynamiker Busemann hatte sie vor vielen Jahren vorgeschlagen.«

Diese unsere letzte Forschungsarbeit war einigermaßen nach den Vorstellungen abgelaufen, die zu verwirklichen ich schon seit Bleicherode angestrebt hatte. Nachdem wir Aerodynamiker die Raketenform festgelegt hatten, war sogleich in unserer Werkstatt ein Modell der Rakete für Versuche im Überschallwindkanal gebaut worden. Wir hatten Auftrieb, Widerstand und Moment gemessen und konnten mit diesen Resultaten unsere früher fertig gewordenen Rechenergebnisse stützen.

Einige Zeit später erzählte mir Herr Gröttrup, daß Herr Korolow noch einmal auf die Insel gekommen war und ihn in seinem Dienstzimmer besucht hatte. Gesprächsinhalt war das letzte Projekt gewesen. Korolow habe sehr bedrückt gewirkt und sich beim Abschied benommen, als ob sie sich einander zum letzten Mal im Leben sähen. Gröttrup vermutete, daß Korolow große persönliche Schwierigkeiten haben müßte. Ich überlegte, ob nicht auch die Deutung möglich sei, daß Korolow für das deutsche Kollektiv eine schlimme Entwicklung voraussähe.

Das Interesse vieler Menschen in aller Welt an unserer

Arbeit auf Gorodomlia wurde einige Jahre später sehr groß, als 1957 der erste Sputnik auf eine Erdumlaufbahn geschossen wurde. Das geschah also fünf Jahre nach unserer Rückkehr in die Heimat. Die Zeitungs- und Rundfunksberichterstatter in Westdeutschland, in Westeuropa und in der USA behaupteten sogleich, der Sputnik sei mit einer vom deutschen Kollektiv entwickelten Rakete auf die Erdumlaufbahn befördert worden. Dann also hätte die Rakete R 14 die Trägerrakete sein müssen. Wahrscheinlich wird den Fachleuten der westlichen Welt beim Nachrechnen klar geworden sein, daß man mit dieser Rakete die Masse des Sputniks nicht auf die hohe Endgeschwindigkeit hätte beschleunigen können, die zur Erdumlaufbahn nötig ist. Man rätselte, ob vielleicht die Sowjets mit einem neuen Treibstoff operierten, der eine höhere Austrittsgeschwindigkeit des Feuerstrahls ergeben würde. Mit höherer Austrittsgeschwindigkeit der Verbrennungsgase könnte doch die hohe Endgeschwindigkeit der Rakete erreicht werden.

In den DDR-Zeitungen und in Rundfunkkommentaren widersprach man sehr scharf der Einschätzung westlicher Medien. Es hieß, die Behauptung, Deutsche seien an der sowjetischen Raketen-Entwicklung beteiligt gewesen, müßte man als eine Beleidigung der Sowjetunion zurückweisen. Beide Darstellungen bedeuteten Übertreibungen, aber nach entgegengesetzten Richtungen.

Im Jahr 1957, als noch der erste Sputnik seine Kreise um die Erde zog, kam mein alter Bekannter aus Bleicherode und aus der Sowjetunion, Oberst Pobjedonoßzew, Professor für Ballistik, in die DDR und hielt Vorträge. Er kam auch nach Dresden an die Technische Hochschule, meine Arbeitsstelle. Es gab ein freundliches Wiedersehen. Der damalige Rektor, Professor Kurt Pommer, hatte mich gebeten, die dem Vertrag folgende Diskussion zu leiten. Herr Pobjedonoßzew faßte in seinem Vortrag die vielen offiziellen Mitteilungen aus der Sowjetunion zusammen. Ergänzte sie mit Daten über die Vermessung des Sputniks, der schon seit mehreren Wochen flog. Man habe erkannt, daß in diesen Höhen die Luftdichte doch größer sei, als zuvor angenommen. Der Sputnik war merklich abgebremst worden, seine Flughöhe hatte sich verringert. Man konnte voraussehen, daß in nicht allzu ferner Zeit der Sputnik in den dichten niederen Schichten der Atmosphäre verbrennen würde.

In der folgenden Diskussion stellten Studenten und Assistenten der Dresdner Militärakademie kluge Fragen zur Ballistik. Der Dresdner Professor für Geodäsie wollte wissen, ob solche Flugkörper später einmal dazu dienen, mit großer Genauigkeit die Entfernung des europäischen Kontinents vom amerikanischen zu messen. Natürlich wurde der Redner auch gefragt, ob die Trägerrakete neue wirksamere Treibstoffe benutze. Probjedonoßzew antwortete lächelnd: »Nein, ganz normale.« Die Gesellschaftswissenschaftler in der DDR beantworteten die Frage in den Zeitungen auf ihre Weise: Der neue Treibstoff sowjetischer Raketen heißt Sozialismus!

Kein Mensch außerhalb des Kreises der sowjetischen Spezialisten wußte damals von der übergroßen Trägerrakete Wostok. Diese wurde erst zehn Jahre später, 1967, der Weltöffentlichkeit als Exponat auf dem Pariser Luftfahrtsalon bekannt.

Der Rektor lud im Anschluß an Vortrag und Diskussion zu einem Abendessen in kleinem Kreise ein. Herr Pobjedonoßzew fragte mich, was ich gedacht hatte, als ich von den Meldungen über den Sputnikflug hörte. Und wörtlich: »Was also aus unserer gemeinsamen Arbeit in Bleicherode und in der Sowjetunion geworden ist.« Ich mußte meinem Gesprächspartner erzählen, daß es in der DDR nicht opportun sei, davon zu reden, daß Deutsche an der Entwicklung beteiligt gewesen waren.

Also erst im Jahre 1967 wurde die große Trägerrakete Wostok vorgewiesen, mit der inzwischen der erste Mensch, der sowjetische Major Juri Gagarin, auf eine Erdumlaufbahn gebracht und dann sicher gelandet war. Die Startmasse der Wostokrakete hatte 267 Tonnen beim Sputnik-Flug und 287 Tonnen beim bemannten Flug betragen. Die Startmasse der R 14-Rakete war viel kleiner gewesen, sie lag bei 40 Tonnen.

Ich konnte auf den Fotografien des Pariser Ausstellungsmusters erkennen, daß fünf Gruppen von je vier Triebwerken der Mehrstufen-Rakete schon am Boden gezündet werden. Wenn die Triebwerke der vier Seitenblocks (erste Stufe) leergebrannt sind, werden sie abgeworfen. Die Triebwerke des Mittelblocks (zweite Stufe) arbeiten länger.

Die bemannte Version hat noch eine dritte Stufe, deren Triebwerk auf dem Fluge nach Abtrennen von der zweiten Stufe gezündet wird. Am Boden werden also 20 Triebwerke angelassen. Der Schub eines einzelnen liegt in der Größenordnung der A 4- oder G 1-Triebwerke. Jede der vier Aussenblockraketen, die nach Leerbrennen der ersten Stufe abgeworfen werden, hat eine Startmasse von 40 Tonnen. Sie hat Kegelform. Sie entspricht also der R 14-Rakete, allerdings hat man an Stelle des projektierten Einzel-Triebwerkes von 80 Megapond eine Gruppe von vier kleineren Triebwerken benutzt. Jede der Außenblockraketen würde, wenn sie als Einzelaggregat verwendet werden soll, eine Mittelstreckenrakete darstellen.

Korolows bewundernswerte Leistung hat darin bestanden, als die Anforderungen bezüglich Transportmasse und Geschwindigkeit auf kosmische Dimensionen gesteigert worden waren, die bis dahin größten Raketen um eine zentrale Einheit gebündelt zu haben. Und später hat er die Trägerraketen befähigt, noch größere Lasten zu schleppen, als er seinen Vorschlag aus der Bleicheroder Arbeitsperiode noch einmal anwandte, das zylindrische Mittelteil zu verlängern, um mehr Treibstoff tanken zu können.

Korolow, der technische Leiter der sowjetischen Raketenentwicklung, starb 1966, erst sechzigjährig. Die Regierung ordnete ein Staatsbegräbnis an. Sein Grab liegt an der Kreml-Mauer. Dort werden nur Menschen beigesetzt, die für die Staatsentwicklung eine bedeutende Rolle gespielt haben. Aus den Nachrufen kann ich einige biographische Daten ergänzen.

Korolow wurde als Sohn eines Lehrers in der ukrainischen Stadt Schitomir geboren. Sein Studium an der Moskauer Fakultät für Flugmechanik schloß er 1930 mit Auszeichnung ab. Seit 1933 hatte er sich mit Flüssigkeitsraketen beschäftigt.

Theater und Literatur

Nun möchte ich zur Erholung des Lesers vom vorangegangenen technischen Kapitel weiter von unserer Freizeitbeschäftigung erzählen. Freizeit bedeutet ja beim Berichten über einen ganzen Zeitabschnitt keinen vernachlässigbar kleinen Anteil. In der Periode des Achtstunden-Arbeitstages gehören bei den Berufstätigen je ein Drittel des Lebens der Arbeit, der Freizeit und dem Nachtschlaf.

Es gilt, die Freizeit zu nutzen, wertiges Erleben hineinzupacken. Manche sehr ernste und achtbare Leute meinen zwar, auch die Freizeit müsse nur durch ernste Dinge geprägt bleiben. Meine Meinung ist das nicht. So mußte ich den Vorwurf des Kollegen Zeise hören, sein kritischer Zuruf klingt mir heute noch im Ohr: »Sie sollten doch nicht immer nur Schnick-Schnack im Kopfe haben!« Ich hielt es mehr mit Goethes Worten: Der Mensch ist erst der wahre Mensch, wenn er spielt. In diesem Sinne antwortete ich meinem Kollegen.

Also soll der Faden des Freizeitberichtes aufgenommen und weitergesponnen werden, jetzt möchte ich ihn zu den Erinnerungen an unser Theaterspielen und an literarische Veranstaltungen aufspulen.

Im Sommer des Jahres 1947 lud Alfred Klose die Inselbewohner ein zu einem literarischen Sonntagnachmittag auf eine Waldlichtung. Mit einer Gruppe von Jugendlichen hatte er lange geprobt. Sie trugen, in originelle Kostüme gekleidet, kleine dramatisierte Szenen aus Wilhelm Buschs Werk vor. Man sah die fromme Helene, den dicken Knoop und den Eremiten, »... ein Rest nur noch von Leib und Seele, infolge äußerster Diät«. Herr Klose selbst las Gedichte und Prosatexte von Wilhelm Busch vor.

Ich muß noch etwas weiter auf der Zeitskala zurückgehen, in den Monat Februar des gleichen Jahres, als man im Klubgebäude Fasching feierte. Das allgemeine Thema zum Kostümieren hatte »Märchenfiguren« gelautet. Das regte die Phantasie an und die Freude zum Verkleiden, zum Schminken, zum Darstellen eines Typs. Da liefen an diesem Abend die Prinzessinen und Prinzen, die Edelfrauen und Ritter herum. Jedes Begegnen mit einem Bekannten ließ uns schmunzeln oder laut lachen. Ich erinnerte mich an den ausgelassenen Hexentanz, den Hellmut Frieser und ich aufführten. Uns beiden war unabhängig voneinander die Idee gekommen, uns als alte Hökerweiber zu verkleiden. Beide mit langen, grauen Mänteln und Kopftüchern. Der eine mit einer schwarzen Stoff-Katze auf der Schulter, der andere mit dicker, aufgeklebter Nasenwarze.

Die Lust zum Kostümieren brach immer wieder durch. Zur Silvesterfeier 1947/48 hatten wir einen kleinen Kreis von Freunden in unsere Wohnung geladen zu einem olympischen Götterfest. Zwei Zimmer unserer Wohnung waren mit großen Wandgemälden – Ölfarbe auf Transparentpapier – und gerafften Vorhängen, so gut wie es nur möglich war, einer antiken Götterhalle angepaßt. Anregungen zum klassischen Kleiden konnten die Gäste aus einer »Göttlichen Mode-Zeitung« beziehen, die speziell zur Vorbereitung auf dieses Fest gezeichnet worden war. Es erschienen dann Zeus und Hera, Mercur und Athene, Aphrodite, Artemis, Ceres, Mercur und viele andere. Mit literarischen Beiträgen als Gastgeschenke. Zeus, dargestellt vom achtunggebietenden Alfred Klose, rezitierte Schillers Gedicht über die olympischen Götter. Eine andere Gruppe von Gästen hatte mit Leseproben Szenen aus Heinrich von Kleists Lustspiel »Amphitryon« vorbereitet. Wobei in dieser frühen Periode des Inseltheaters die Darsteller beim Agieren noch aus dem Textbuch vorlasen. Gegen Mitternacht machte die Göttergesellschaft einen Besuch im Nachbarhaus. Dort hatte Herr Siegmund seine Bekannten zu einer Parallel-Veranstaltung eingeladen unter dem Motto: klassische Walpurgisnacht. Als dann die zwölfte Stunde zum Jahreswechsel schlug, da rief in die Glückwünsche der anderen einer der jungen Leute übermütig: »Bei allem Schweren, was das Jahr auch bringen mag, bewahrt göttliche Gelassenheit!«

Es war im März 1948 gewesen, als wir die Friesers, Hellmut, Ilse und Tochter Sabine, an einem Sonntagnachmittag zum Kaffeetrinken eingeladen hatten. Hernach las ich Gedichte vor von Goethe, von Rilke und aus Heines »Buch der Lieder«. Hellmut schlug vor, künftig Dramen mit verteilten Rollen zu lesen, was wir dann auch taten.

Alfred Klose wurde einer der Organisatoren unseres Theaters, aber auch Intendant, Dramaturg und Schauspieler in Personalunion. In jungen Jahren schon war er Professor an der Universität in Dorpat gewesen. Später wurde er an die Universität Berlin berufen. Als wissenschaftliches Hauptgebiet betrieb er die Mathematik und ihre Anwendungen in der Mechanik. Frühzeitig erwachte auch sein Interesse an Wissenschaftsgeschichte, eine Neigung, die sich bei anderen Hochschullehrern erst im höheren Alter herausbildet. Er hatte eine Vorlesungsreihe über das Wirken von Johannes Kepler ausgearbeitet. Er war gut orientiert über die dramatische Literatur, war auch immer ein Freund des Schauspiels gewesen. Hatte in Berlin jede Inszenierung des großen Max Reinhardt besucht.

Aber damals, im Frühjahr 1948, kannte ich noch nicht alle seine musischen Neigungen und Fähigkeiten, ich hatte ihn bis dahin als Arbeitskollegen im Institut erlebt. Er leitete einen kleinen Sektor für Spezialprobleme der Ballistik.

Eines Nachmittags nach Dienstschluß besuchte er mich in der Wohnung. In der Hand hielt er einen Band von Gerhart Hauptmanns gesammelten Werken. Als wir am kleinen

Tisch gegenübersaßen, schlug er das Buch auf, dort, wo ein Lesezeichen lag. Ich schaute ihn verwundert an, als er mir das Buch reichte. Ich las eine Titelseite: Die versunkene Glocke. Ein Märchen-Drama in fünf Akten. »Kennen Sie dieses Drama?« fragte er. Ich schüttelte den Kopf. »Schade«, meinte er, »ich habe es viele Male im Berliner Theater gesehen. Und jetzt will ich es in Gorodomlia aufführen.« Er redete voller Optimismus weiter: »Auf einer Freilichtbühne werd' ich es inszenieren. Ganz in Dorfnähe habe ich einen Platz gefunden, der wie ein natürliches Amphitheater ausschaut.« Als er die Stelle beschrieb, nickte ich. Ungefähr konnte ich mir vorstellen, wo sie lag. Ich hörte weiter, daß er das Stück als echtes Theater spielen wollte. Mit frei sprechenden Darstellern. Kein Szenenspiel mit dem Textbuch in der Hand.

Und dann höre ich mit großem Erstaunen: »Ich suche für das Stück noch den männlichen Hauptdarsteller, also den Helden. Wollen Sie diese Rolle spielen?« Nun bin ich vollständig überrascht. Ich denke daran, daß meine Freizeit schon drängend gefüllt ist: Malerei, Geschichtsstudien. Auch habe ich wieder begonnen, systematisch die russische Sprache zu erlernen. So muß Herr Klose meine unlustige Absage hören: »Aber ich habe noch nie Theater gespielt, und ganz gewiß bin ich kein Held.« Herrn Kloses Antwort besteht darin, daß er die Liste der übrigen Schauspieler vorliest. Das sind Leute, die ich als gute Ingenieure und tüchtige Hausfrauen kenne, alle sind ebensowenig Schauspieler wie ich selbst. »Die weibliche Hauptrolle soll die junge Sabine Frieser spielen.« Herr Klose erklärt weiter, daß er die Darsteller aus unserer Gemeinschaft von vierhundert Menschen so ausgesucht hat, daß sie im Typ und Charakter etwa mit der Gestalt im Drama übereinstimmen. In solcher Art auszuwählen, darin bestehe die besondere Chance der Laientheater. Die Darsteller spielen eigentlich nur sich selbst.

So redend, zieht er mich langsam mit in seine Begeisterung herein, bis ich endlich rufe: »Ja, ich spiele mit.«

Frühling auf Gorodomlia. Im April war der Schnee geschmolzen. Schon gegen Ende des Monats brach das Eis des großen Sees, und in der wärmenden Mai-Sonne waren dann alle Eis- und Schneespuren verschwunden. Zuerst entwikkelte sich schüchternes Wiesengrün, dann drängten Knospen aus allen Sträuchern. Die Sonne bleibt jetzt wegen der weit nördlichen Insellage lange am Himmel. Ihr Licht treibt die Pflanzen zum schnelleren Wachsen. Im Juni prangt die Natur in schönster Blüte, vergleichbar mit dem Entwicklungsstand in unserem Heimatland. Im Juni wird aber über Gorodomlia auch der Mitternachtshimmel nicht mehr dunkel. Er leuchtet blaßgrün. Am nördlichen Horizont ist der Hauch des späten Abendrotes schon mit dem Morgenrot zusammengeflossen, das den frühen Sonnenaufgang ankündigt.

Seit Mai hatte Herr Klose seine Schauspieler-Truppe allabendlich auf der Waldbühne versammelt. Es war gelungen, mit nur wenig Baumroden auf der Bühnenfläche und dem Zuschauerhang das Naturtheater herzurichten. Mehr Mühe hatte das Ausschachten eines Brunnens gemacht, aus dem der Wassermann, den Herr Klose selbst spielen würde, auftauchen und in den sich ein junges Mädchen, die Sabine, stürzen mußte. Auch war die Kulisse eines Holzhauses auf die Bühne gebaut worden.

Herr Klose hatte Gerhart Hauptmanns Drama stark überarbeitet. Den ganzen zweiten Akt, der im Hause des Glockengießers spielt, hatte er gestrichen und viele lange Monologe des Urtextes gestrafft.

Alle Szenen sind immer und wieder geprobt worden. Zur Generalprobe waren einige wenige Zuschauer geladen worden. Auch meine Frau saß mit unserer nun fünfjährigen Tochter im Parkett. Das kleine Mädchen hatte beim Tanz des Balletts interessiert zugeschaut. Der Valse triste war verklungen. Nebel fließen über die Bergwiese. Wie es klar wird, sind alle tanzenden Elfen verschwunden. Das junge Waldmädchen kommt still vom Gebirge. Dann tieftrauriges Reflektieren über das Verlorene, und sie steigt, dem Leben entsagend, in den Brunnen. Wenig später stürzt der Glokkengießer, von Reue geplagt, die Geliebte suchend, auf die Bühne. Ruft vergeblich nach ihr. Aber da ertönt ein klares Stimmchen vom Parkett: »Vati, schau mal in den Brunnen, da ist sie hineingeklettert.«

Eine Panne zur Generalprobe bedeutet bei Schauspielern ein gutes Vorzeichen zum Gelingen der Premiere. Und so wurde die Aufführung am 17. Juli 1948 – Schwägerin Liddy feierte an diesem Tag ihren 22. Geburtstag – ein voller Erfolg. Die Darsteller waren glücklich, die Zuschauer ergriffen.

In der gleichen Spielzeit ging, von Herrn Siegmund inszeniert und von seiner Theatertruppe dargestellt, Shakespeares »Sturm« über die Freilichtbühne. Die Zuschauer schmunzelten über Schiffbruch und Inseldasein im Drama, sie fanden manche Parallelen zu unserer eigenen Lage.

Ja, es gab zwei Theatergesellschaften auf Gorodomlia. Der Wettstreit um die Zuschauergunst, der nur durch gutes Spielen entschieden werden konnte, hob das ganze Niveau an. Beide Gruppen arbeiteten mit verschiedenen Schauspielern, nur einige »Stars« wirkten auf beiden Bühnen. Sabine Frieser, unser Waldmädchen in der »versunkenen Glocke«, spielte im »Sturm« den Ariel.

Im November, als es schon wieder kalt geworden, aber noch kein Schnee gefallen war, erinnerten die trüben Grau- und Brauntöne der Landschaft wieder einmal an die Zeit unseres Eintreffens vor zwei Jahren. Auf dem Theaterzettel stand angekündigt, daß am 13. und 14. November im Klub, von Herrn Klose inszeniert, Heinricht von Kleists Lustspiel »Der zerbrochene Krug« aufgeführt würde. Unter den Darstellern las man die Namen Ullrich Brancke als Gerichtsrat, Herr Jaffke als Dorfrichter Adam, Gertrud Albring als Frau Marthe Rull, Sabine Frieser als deren Tochter Eve, Waltraud Pauer, eine Klassen-Kameradin von Sabine, als Frau Brigitte, und beider Klassenkamerad Hans Kirst spielte einen Bedienten. Ich selbst agierte in der Rolle des Schreibers Licht.

Wieder war über viele Monate geprobt worden, waren Kostüme genäht, hatte man Perücken gebastelt, Kulissen gebaut, bis endlich der große Augenblick der Premiere herangekommen war. Für die Schauspieler gab es im Klub keine besonderen Garderoben-Räume, alles Vorbereiten, also das Schminken, das letzte Zurechtstecken der Kostüme, mußte bei noch geschlossenem Vorhang auf der Bühne geschehen. Kostümiert hatten sich die Darsteller schon daheim in ihren Wohnungen, waren dann, die Perücke und die Kostüme mit großem Hut und weitem Mantel verdeckend, zum Theater gegangen.

Im Bühnenraum gibt es kurz vor Beginn noch viel aufregendes Hin und Her. Da stolpert jemand über Requisiten, ein anderer ruft nach einem Spiegel, drüben wird eilig an einem Kostüm genäht. Aus dem Zuschauerraum hört man durch den Vorhang das Murmeln einer großen Menschenmenge. Ich luge durch ein kleines Loch im Vorhang. Das Gesichtsfeld ist stark abgeblendet. Man erkennt die Köpfe der Zuschauer hell und klar in dicht gefüllten Reihen, alles andere verschwimmt im unbestimmten, bräunlichen Dunkel. »Bühne frei«, kommandiert der Regisseur mit gedämpfter Stimme. Alles hastet hinter die Kulissen. Der Dorfrichter Adam, mit einem großen Verband um den Kopf, setzt sich auf seinen Amtsstuhl. Kühlt ein Bein im Wassereimer. Der erste Gongschlag hallt. Im Zuschauerraum wird es still. Jetzt hört man Adams lautes Stöhnen. Zweiter Gongschlag, der Vorhang reißt auf.

Die erste Kritik nach eineinhalbstündigem Spiel, als sich die Akteure nach vielmaligem Verbeugen vor den herzlich applaudierenden Zuschauern endlich bei geschlossenem Vorhang einander glücklich die Hände schüttelten, brachte unsere kleine Tochter, die, von Liddy geführt, auf die Bühne kam: »Es war langweilig, und ich bin müde.« Aber sie stand ziemlich allein mit ihrer Meinung. Die Zuschauer äußerten sich in den folgenden Tagen sehr anerkennend über das leichte, flüssige und heitere Spiel. Gertrud durfte sich mit Recht über die vielen lobenden Gratulationen freuen. Ihr Spiel war sehr gut gewesen. Alfred Klose hatte sie erst überreden müssen, eine mit Kissen ausgestopfte, dralle holländische Bauernfrau, viel älter als sie selbst, zu spielen. Er hatte aber erzählt, daß seine Frau mit fünfzig Jahren es doch auch auf sich genommen hatte, in der »Versunkenen Glocke« die alte Wittichen, eine Neunzigjährige, darzustellen.

Im folgenden Sommer spielte die Gruppe Klose auf der Waldbühne »Was ihr wollt« von Shakespeare. Hellmut Frieser als Narr, Ulrich Brancke glänzte als Malvolio, Sabine spielte die Viola, und ich als Herzog Orsino war wieder ihr Partner. Die Gruppe Siegmund spielte auf der Waldbühne Shakespeares »Sommernachtstraum« bei Scheinwerferlicht. Und im Winter auf der Saalbühne eine ganz ausgezeichnete Inszenierung von Oskar Wildes »The Importance of Being Earnest« sowie Schillers »Turandot«.

Später verschwanden die öffentlichen Vorführungen zugunsten von Studioaufführungen in den Wohnungen vor geladenen Gästen. Es hatte Reibereien zwischen den Theatergruppen und der Inselverwaltung gegeben. Herr Klose hatte eine hübsche, gestraffte Dramatisierung von Oscar Wildes Novelle »Das Gespenst von Canterville« ausgearbeitet. Das Stück wurde lange geprobt, erst dann der Antrag zur öffentlichen Aufführung eingereicht. Jetzt geriet ein kleiner Verwaltungsangestellter auf der Insel, Herr Klemenko, der für die Belange des Zivilsektors zuständig war, in arge Verlegenheit. Die Liste der erlaubten ausländischen Dramen enthielt natürlich nicht diesen Titel. Von sich aus, ohne amtliche Rückversicherung, die Genehmigung auszusprechen, wagte er nicht. Die Aufführung wurde untersagt. Allerdings nicht mit dieser Begründung, sondern: »Weil es keine Gespenster gibt.« – Nun ja, über kleine, subalterne Angestellte kann man sich überall ärgern, nicht nur auf Gorodomlia. Auch die Gruppe Siegmund zog sich ganz von den öffentlichen Vorführungen zurück, nachdem der Verwaltungsangestellte das Nachlassen der Theateraufführungen als schlechte Kulturarbeit gerügt hatte.

Aber das Zurückziehen aus der Öffentlichkeit hatte noch einen anderen Grund. Eine mehr als vierhundertköpfige Menschengemeinschaft ist kein homogenes Gebilde. Es gab starke Gruppen, die das öffentliche künstlerische Betätigen kritisierten. Sie argumentierten, durch das Theaterspiel, aber auch durch die Sportveranstaltungen, müßten die Russen den Eindruck gewinnen, daß es uns hier herrlich gefiele, daß es uns gar nicht zurück in die Heimat, zurück nach Deutschland, ziehe. Das Heimkehrproblem war eine sehr bewegende und die Stimmung sehr bedrückende Frage. Jahr um Jahr verging, die Jugend wuchs heran, aber kein kompetenter Mann auf russischer Seite konnte die immer wieder gestellte Frage nach einem Termin für unsere Rückkehr beantworten.

Das Theaterspielen und die Feste verlegte man in die Wohnungen des kleinen Freundeskreises. Schließlich wurden auch diese Veranstaltungen durch die Stimmung allgemeiner Unruhe und Nervosität geprägt. So luden dann die Branckes 1951 zu einem kleinen Fest ein unter dem Motto »Inselkoller – Heilanstalt«. Aber das ist im Erzählen schon weit vorgegriffen.

Im Jahre 1949 spielte man zu einem Chinesenfest bei Branckes eine gekürzte Fassung des »Kreidekreis« von Klabund. Regie hatte Hellmut Frieser geführt. Ich mußte die Rolle des Prinzen Pao lernen: »Einer von den vielen kaiserlichen Prinzen. Es gibt deren so viele, wie Regentropfen an einem Apriltag. Die Kaiserwahl ist eine Art Staatslotterie.« Dennoch wird er Kaiser und kann später den Streit um das Kind der jungen Haitang schlichten. Diese Haitang spielte Sabine Frieser.

Hellmut Frieser führte auch Regie im »Weißen Fächer«, einem der kleinen Dramen von Hofmannsthal. Gespielt am 24. Mai 1951 als Geschenk und Überraschung zum Geburtstag seiner Frau. Die Gruppe Siegmund hatte in diesem Winter eingeladen zu Hofmannsthals »Das Bergwerk von Falun«.

Zu Ende unserer Inselzeit, im November 1951 und im Mai 1952, brachte Alfred Klose noch zwei bedeutende Inszenierungen auf die Bühne des kleinen Kreises, Molières »Tartuffe« mit Hellmut Frieser in der Hauptrolle und Strindbergs Drama »Rausch«, das in Pariser Künstler-Kreisen spielt, die rasante Sabine als leichtes Mädchen Henriette und ich als Dichter Maurice.

Obwohl wir auf Gorodomlia ziemlich unberührt von den aktuellen Ereignissen in Literatur und Kunst lebten, die sich außerhalb der Insel, draußen in der fernen Welt, abspielten, nahmen wir doch mit Trauer Kenntnis vom Tode Bernard Shaws im November des Jahres 1950. Dieser zu jeder Zeit seines Lebens sehr aktive irische Dramatiker hatte das Alter von 94 Jahren erreicht.

Er gehörte 1883 in England zu den Mitbegründern der Fabier-Gesellschaft, einer Gruppe sozialreformerischer Intellektueller, die das allmähliche Hineinwachsen der bürgerlichen Gesellschaft in eine sozialistische Gesellschaft anstrebte. Die individualistische Wirtschaftsordnung sollte durch Erweitern der öffentlichen Unternehmen eingeschränkt werden. Der Name der Gesellschaft war nach dem Römer Fabius Cunctator, dem vorsichtig Handelnden, gewählt.

Ich selbst hatte Bernard Shaw als Dramatiker schon als Zwölfjähriger kennengelernt, als mich der Vater und die Schwester meiner Mutter mitnahmen ins Schauspielhaus der westfälischen Stadt Münster. Man spielte Shaws Drama »Die heilige Johanna«. Es war mein erstes Theatererlebnis, das sich tief einprägte. Ich war hingerissen vom Spiel. Noch heute erinnere ich mich an viele der Szenen, an jeden der Darsteller. Shaw hatte dieses Drama erst 1923 vollendet, es war sehr bald danach in Deutschland gespielt worden. Und Shaw, der bis dahin nur als ein geistvoller Spöttler gegolten hatte, gewann durch dieses Stück in der großen Welt das Ansehen eines Weisen. Mit seiner folgenden Arbeit, die er 1924 begann, unterbrach er für vier Jahre das Stückeschreiben. Er schrieb damals ein Buch, in dem die bestehenden gesellschaftlichen und wirtschaftlichen Strukturen in ihrer historischen Entwicklung beschrieben und kritisch untersucht werden – und schließlich begründet er die Notwendigkeit sozialistischer Strukturen. Ein hochrangiges wissenschaftliches Werk, dem der Autor den schalkhaften Titel »Wegweiser für die intelligente Frau zum Sozialismus und zum Kapitalismus« gab.

Ich hatte immer gern Dramen von Shaw gelesen, deren bisweilen lange Vorreden brillante wissenschaftliche Untersuchungen seines dramatisierten Problems darstellten; aber ich hatte auch bald herausgefunden, daß das Lesen dieser Texte, gleichgültig welcher, mich aufs beste auf zu erwartende Diskussionen vorbereitete, gleichgültig über welches Thema. Natürlich muß man das Fachwissen in die Diskussion mitbringen. Aber Shaw lehrte mich, auf welche Weise man Argumente gewichtig in die Waagschale wirft.

In Herrn Kloses Bibliothek hatte ich zufällig ein Buch von Bernard Shaw gefunden mit dem Titel »Zurück zu Methusalem«. Das Buch, 430 Seiten umfassend, teilt sich in eine Vorrede von 120 Seiten und einem folgenden Zyklus von fünf Dramen, deren erstes im Jahr 4004 vor Christus im Paradies spielt, das letzte, eine Zukunftsvision, im Jahre 31920. Die drei anderen liegen zeitlich dazwischen. Das zweite Drama spielt in der damaligen Gegenwart des Schriftstellers, kurz nach dem Ende des Ersten Weltkriegs. Shaw konfrontiert zwei ehemalige britische Premier-Minister – hinter deren tarnenden Namen man unschwer die liberalen Politiker Asquith und Lloyd George erkennt – mit Wissenschaftlern und ironisiert das Verhalten der Politiker gegenüber Vorschlägen aus Biologie und Philosophie.

Dieser faszinierende Denker Bernard Shaw hatte sich in seinem Werk auf unkonventionelle Art mit dem Problem der biologischen Evolution, den Entwicklungstheorien von Darwin und Lamarck auseinandergesetzt. Er neigte zu den Erklärungen Lamarcks. Die evolutionäre Theorie zu einer neuen Religion zu erheben, das ist Shaws großes Ziel. Er berichtet: Zweifel waren mir während meiner vierzigjährigen Tätigkeit als Sozialist gekommen, ob der Mensch, wie er heute beschaffen ist, die sozialen Probleme zu lösen vermag, die er sich in seiner Zivilisation selbst geschaffen hat. Shaw glaubt nicht, daß die Erziehung die Probleme lösen könnte, denn, so meint er, die Mittelschüler werden sorgfältig verwirrt, getäuscht und irregeführt bezüglich der Beschaffenheit einer Gesellschaft, die auf Profit basiert. Hingegen ist der technische Unterricht zweckmäßig und wirksam. Der junge Mensch lernt im Heeresdienst fliegen, Bomben werfen, das Maschinengewehr bedienen. Die Entdekkung wirksamer Sprengstoffe wird belohnt, die Unterweisung in der Herstellung von Waffen, in denen diese Sprengstoffe angewandt werden, wird tüchtig betrieben. Das Resultat hat dazu geführt, daß die Kräfte der Zerstörung, die man nicht ohne Bedenken unendlicher Weisheit und unendlichem Wohlwollen anvertrauen könnte, in die Hände romantischer Schulbubenpatrioten gelegt werden, denen Kämpfen eine Religion und Töten eine Fertigkeit bedeutet. Und die Spitzenpolitiker haben nach Shaws Meinung erkannt, daß sie während der Jahre, die sie auf den Ministerbänken des Parlamentes sitzen, für ihre eigenen politischen Zwecke das britische Publikum prellen und dazu bringen können, daß es alles, was sich vorzutäuschen irgendwie lohnt, glaubt und erduldet, und daß jede falsche Entschuldigung für einen unpopulären Schritt zweckdienlich ist, wenn sie nur 14 Tage aufrecht gehalten werden kann, solange nämlich, bis der Wortlaut der Entschuldigung vergessen ist.

Bernard Shaw sagte weiter: Noch eine andere Beobachtung hatte ich gemacht, daß gutmütige, nicht ehrgeizige Menschen (und das sind die meisten) feige sind, wenn sie keine Religion haben. Sie werden von Geschäftemachern und starken Volksverwaltern beherrscht und ausgebeutet.

Aus allen diesen Gründen sucht Shaw nach einer neuen Religion für den modernen Menschen, und diese sollte das evolutionäre Streben nach einer Verbesserung der menschlichen Art sein. Dazu gehört, und das ist sein kühner Gedanke, den er im Dramenzyklus ausspinnt, eine bedeutende Verlängerung des menschlichen Lebens: Die Menschen leben nicht lange genug, sie sind für alle Zwecke höherer Zivilisation reine Kinder, wenn sie im Durchschnitt nach 70 Jahren sterben. Er meint, wenn aus passenden Gründen die Natur das Lebensalter einmal auf 70 Jahre festgesetzt hatte, dann könnte sie es auch auf 300 oder 3000 Jahre festsetzen: »Die Macht, die den Menschen erschuf, als der Affe den erwünschten Erfordernissen nicht entsprach, kann ein höheres Geschöpf als den Menschen erschaffen, wenn der Mensch den Erfordernissen nicht entspricht.«

Wir luden einen Kreis von Freunden und Interessenten zum Durcharbeiten des Buches »Zurück zu Methusalem« ein. Wir trafen uns während der Wintermonate an einem Abend jeder Woche in unserer Wohnung. Lasen in drei Sitzungen die lange Vorrede, lasen später mit verteilten Rollen alle fünf Dramen. Diskutierten, in solcher Weise aufs beste angeregt, diesen ganzen Kosmos ungewöhnlicher Gedanken. Viele der Teilnehmer erweiterten durch Lesen in den Büchern von Alfred Brehm und Charles Darwin ihr Wissen auf dem Gebiet der Biologie.

In einem anderen Winter arbeiteten wir in gleicher Art, ebenfalls mit allwöchentlichem Vorlesen und Diskutieren, ein medizinisch-philosophisches Buch durch: »Der Mensch, das unbekannte Wesen«, verfaßt vom Nobelpreisträger für Medizin, Alexis Carrel. Dieses im Jahre 1936 herausgekommene Werk hatte ich 1941 kennengelernt, als es mir mein Vater zum Geburtstag schenkte. Mich entzückten die tiefsinnigen Gedanken nicht weniger als die wundervolle Sprache. Als Techniker war ich von meinen akademischen Lehrern dazu angeleitet worden, alles sprachliche Beschreiben mit trockenem Telegramm-Stil auszuüben. Nun fand ich ein Beispiel, wie wissenschaftliches Berichten durch eine gute Sprache angehoben wird. Der Verfasser verfolgt zwar ein ähnliches Ziel wie Bernard Shaw, sein Urteil im Anschluß an ein Durchmustern der Lebensweise und der Lebensumstände heutiger Menschen lautet: Die menschliche Art muß sich selbst verbessern. Das letzte Buchkapitel ist überschrieben »Einen neuen Menschen schaffen«. Jedoch geht er nicht so kühn, phantasievoll und zum Spekulieren bereit an sein Werk, wie es Bernard Shaw getan hatte, er stützt sich nur auf die Analyse des gegenwärtigen Wissens vom Menschen. Nichtsdestoweniger erlebt man ihn beim Lesen als ebenso scharfen Kritiker unserer Zivilisation und als tiefgründigen Denker über Verbesserungsmöglichkeiten. Zunächst sah er seine Aufgabe darin, die außerordentlich vielen, von medizinischen Spezialisten vorgelegten, analytischen Arbeiten zu durchmustern und aufzunehmen und sie zu einer faßbaren Synthese aufzubereiten. Er meinte: Wir haben heute einen solch gewaltigen Wissensstoff vom Menschen, daß wir vor lauter Fülle des Materials die größte Mühe haben, die richtige Nutzanwendung daraus zu ziehen. Wenn unser Wissen dienlich sein soll, muß es in bündiger, synthetischer Form vorliegen. Und trotz der gewaltigen Schwierigkeit, so etwas zu schaffen, unterzog sich der Verfasser dieser Aufgabe, weil, wie er sagte, die Menschen der modernen Zivilisation nicht auf den gegenwärtigen Strömen weitertreiben dürfen; denn sonst würden sie entarten. Die Gruppen und Völker, bei denen die industrielle Zivilisation ihre höchste Entwicklung erreicht hat, sind eben die, die am ehesten erlahmen und bei denen die Rückkehr zum Barbarischen am raschesten vor sich geht. Die Naturwissenschaft hat zwar den Menschen in seiner Haltung, in seiner Anschauung umgewandelt, sie kann ihm auch die Kraft geben, sich weiter zu wandeln, aber dieses Mal nicht auf dem Strome treibend, sondern zielgerichtet strebend. Daß sie entarten, ist den Menschen nicht richtig bewußt, warum sollten sie sich anstrengen und ihre Lebensgewohnheiten ändern? Aber sind denn die in den Schulen gebotenen Lehrdisziplinen, die vor allem Gedächtnis- und Muskeltraining fordern, für den modernen Menschen tauglich, der vor allem geistiges Gleichgewicht, ausgewogene Nervenzustände, vernünftiges Urteil, Mut und Ausdauer brauchen würde?

Carrel, er war Franzose, er arbeitete zu Anfang der dreißiger Jahre im New Yorker Rockefeller Institut für ärztliche Forschung, doch damals war die Wirtschaftskrise von 1929 noch nicht vergessen, er schreibt weiter: Sind die Ursachen der Krise einzig und allein wirtschaftlich und finanziell?

Muß man nicht auch die Korruption und Dummheit der Politiker und der Geldleute, die Unwissenheit und Selbsttäuschung der Wirtschaftler anklagen? Hat das moderne Leben nicht im ganzen Volk die Intelligenz und Moral herabgesetzt?

Die Erneuerung des Menschen verlangt eine grundlegende Umwandlung des modernen Lebens, sie kann nicht vor sich gehen ohne eine materielle und geistige Revolution. Seit der Renaissance hat sich das Wissen von Natur und Technik stürmisch entwickelt, jedoch das Wissen von Moral und Ethik stagnierte oder verkümmerte.

Carrel meint dazu: Der für alle diese Mißhelligkeiten verantwortliche schwere Irrtum entstammt der falschen Auslegung einer ursprünglich genialen Idee Galileis, der bekanntlich die an einem Vorgang beteiligten meßbaren mechanischen Größen, also Masse, Weg, Geschwindigkeit als primäre Eigenschaften hervorhob, sie ließen sich quantifizieren, und mechanische Abläufe ließen sich in die mathematische Sprache fassen. Daraus wurde die moderne Naturwissenschaft und Technik geboren, und auf diese Konzeption gegründet, hat sie sich weiterentwickelt. Der von Galilei vernachlässigte qualitative Anteil der Dinge war zu diesem Prozeß nicht nötig. Sein Vernachlässigen stürzte die Menschheit in eine tiefe Krise von Moral und Politik.

Episoden des Insellebens: Heiter, ernst, manchmal traurig und bedrückend

Schon vor dem Zweiten Weltkrieg hatte sich in Deutschland die Mode eingebürgert, daß Männer zur warmen Jahreszeit kurze, helle Hosen tragen, die die Knie freilassen. Vielleicht war diese Mode über England zu uns gekommen; die in Deutschland gebräuchliche Bezeichnung »Shorts« für kurze Hosen deutet darauf hin. Jedoch gab es in unserer Heimat auch Landstriche, in denen das Tragen kurzer Hosen seit eh und je üblich gewesen war, es zur Tradition gehörte. Die Bauern in Bayern kleideten sich mit kurzen Lederhosen, Seppl-Hosen oder Krach-Lederne genannt. Auch bei den Bergsteigern der Sächsischen Schweiz und im Erzgebirge sah man die zünftigen kurzen Hosen.

Aber verschiedene Völker sind in ihren Anschauungen durch unterschiedliche Traditionen vorprogrammiert, sie erlebten in ihrer Geschichte unterschiedliche Modeströmungen. Sie haben andersgeartete Anschauungen darüber entwickelt, was sich schickt, was sich nicht schickt oder was ganz und gar nicht geduldet werden kann, was ungehörig ist.

Zwischen Deutschen und Russen hatte es in der Vergangenheit wenig kulturellen Austausch gegeben, bei dem man einander kennenlernen und von verschiedenen Sitten hätte erfahren können. Zwar gab es zur Zeit, als Bismarck preußischer Gesandter in Petersburg gewesen war und er auch konsularische Arbeit hatte leisten müssen, etwa sechzigtausend preußische Staatsangehörige in Rußland. Diese hatten ihren Dauerwohnsitz im fremden Lande eingerichtet. Sie wirkten als Ingenieure, Ärzte, Handwerker und als Hauslehrer auf adeligen Gütern. Ein kultureller Austausch zwischen den Ländern mit Rückmelden und Angleichen hat sich daraus nicht entwickelt.

Doch nun wieder zurück zu den kurzen Männerhosen. Der bayrische Schriftsteller Oskar Maria Graf besuchte in den dreißiger Jahren einen Kongreß des Schriftsteller-Verbandes in Moskau. Er freute sich, nach langer Eisenbahnfahrt in einem Moskauer Hotel bequem untergebracht zu sein. Er kleidete sich zum Essen um, nichtsahnend erschien er im Speisesaal in kurzen bayrischen Hosen. Wunderte sich über das Aufsehen, das er erregte. Als er so gekleidet auch an den ersten Sitzungen des Kongresses teilnahm, da zog sich das Präsidium zurück, einige Delegierte hatten auf sofortigen Ausschluß plädiert. Nur der durch seine Reisen in westeuropäischen Moden versierte Vorsitzende Maxim Gorki konnte beruhigend, aufklärend und versöhnend wirken.

In Leo Tolstois Roman »Krieg und Frieden« kann man von einem Angsttraum des Pièrre Besuchow lesen, sich in kurzen Hosen unter den Menschen zu finden und sich schrecklich zu schämen.

Noch in den ersten Jahrzehnten nach dem Zweiten Weltkrieg trugen russische Radrennfahrer bei internationalen Wettkämpfen lange Hosen. Denn es herrschte die althergebrachte Meinung, nackte Männerbeine in der Öffentlichkeit zu zeigen, sei nicht nur unschicklich, sondern auch obszön. Dieses alles wußten wir Deutschen noch nicht im ersten Sommer unseres Inseldaseins. Schon bald war zu Ende des Monats Mai das Wetter sonnig und warm geworden. Endlich konnten nach langem, hartem Winter die Wattejakken und Filzstiefel abgelegt werden. Man holte die Sommergarderobe aus den Kleiderschränken. Da passierte es, daß der russische Verwaltungsdirektor, Herr Suchomlinow, den Leiter des deutschen Kollektivs, den Hauptkonstrukteur, Herrn Gröttrup, zu sich bestellte und ihn fragte, was denn diese Provokation bedeuten sollte, daß deutsche Männer in aller Öffentlichkeit in Unterhosen herumliefen und daß sie in diesem Aufzuge sogar zur Arbeit kämen. Wir erfuhren erst jetzt zu unserer Überraschung, daß es in Rußland als unanständig gilt, nackte Männerbeine zu zeigen. Natürlich haben wir diese Mode aufgegeben, zumal auch die Träger kurzer Hosen berichteten, sie hätten sich gewundert, daß russische Frauen bei ihrem Herannahen ganz bestürzt gewesen seien und sich abgewendet hätten.

Unsere Freundin, die neunzehnjährige Sabine, besuchte als Externe im letzten Inseljahr die Oberprima des Gymnasiums in Ostaschkow. Sie wohnte dort bei einer verwitweten russischen Bäuerin, die ihren Sohn im Kriege verloren hatte und nun das deutsche Mädchen bemutterte. Sabine, die nach damaliger Mode ihr lockiges Haar kurz geschnitten trug, wurde von allen russischen Mitschülerinnen beneidet. Denn die streng eingehaltene Tradition schrieb vor, daß russische Mädchen während ihrer Schulzeit Zöpfe tragen mußten. Erst nach Schulabschluß dürfen die langen Haar abgeschnitten werden. Auch war es bei den russischen Mädchen nicht üblich, zur Winterzeit lange warme Hosen zu tragen, ein Rock mußte es sein.

Im ersten Frühjahr auf Gorodomlia wurde unser Sohn Peter geboren. Gertrud weckte mich in einer warmen Mainacht, berichtend, daß die Wehen mit regelmäßigen Pausen wiederkehrten. Ich stand sofort auf, zog mich an. Gertrud blieb recht munter. Ich mußte nun die Hebamme herbeiholen. Draußen war noch tiefste Nacht mit vollkommener Stille. Die Silhouetten hoher Kiefern schnitten sich in den helleren Himmelsgrund, aus dem viele Sterne blinkten. Ich eilte über wenig ausgetretene Wege. Sie führten durch das feuchte Wiesengras und durch ein kurzes Waldstück hin zur kleinen, in einem zweistöckigen Holzhaus eingerichteten Poliklinik. Alles war dunkel. Ich klopfte, und bald wurde ein Fenster im ersten Stock hell. Eine Frau schaute heraus, die in aller Ruhe meinen hastigen Bericht anhörte, einige Fragen stellte, dann das Fenster schloß. Bald ging das Licht aus, und wenig später trat die Hebamme vor das Haus, begleitet von der jungen Zahnärztin, die assistieren sollte. Ich ging den beiden Frauen flotten Schrittes voraus. In der Wohnung angekommen, fanden wir Gertrud noch herumlaufend. Freundlich begrüßte sie die beiden Helferinnen. Sie hatte schon die Ehebetten auseinandergerückt.

Was nun kommen würde, sei interne Frauenangelegenheit, bedeutete man mir. Ich wurde zur Arbeit in die Küche verbannt. Setzte den Petroleumkocher – wir sagten damals Kerosinkocher – in Betrieb. Mittels eingebauter Luftpumpe erzeugt man zuerst über der Flüssigkeit im Tank ein Druckpolster. Dann brennen, mit einem Streichholz gezündet, alle Flammen brausend aus kleinen Düsen. In einen großen Topf schüttete ich Wasser und stellte ihn über den ungestümen Kocher. Bald aber übertönt helles Kinderschreien das brummende Kochgerät. Ich eile ins Schlafzimmer. Die Hebamme wickelt gerade ein kleines Etwas in Tücher. Gertrud fragt: »Ist es ein Mädchen?« Die beiden Helferinnen antworten unisono, mir klingt es fast wie Engelsjubeln: »Nein, es ist ein Sohn!« Einen Sohn hatten wir uns beide so herzlich gewünscht als Spielkameraden der vierjährigen Katrin. Jetzt waren wir sehr glücklich. Die Helferinnen waren gegangen. Ich badete den kleinen Sohn, und nach Gertruds detaillierter Anweisung aus ihrem Bett zog ich ihm das Hemd und ein Strickjäckchen an und wikkelte ihn in eine Windel.

Das jüngste Familienmitglied ließ dann weiter zu unserer Freude sein kräftiges Stimmchen hören. Bis in den frühen Morgen hinein, als die Sonne aufgegangen war und ich mich zur Tagesarbeit im Institut verabschieden mußte. Der Kleine schrie unentwegt: »Das stärkt seine Lunge«, erklärten wir einander. Ich klopfte noch in der Wohnung über uns an. Ilse Frieser hatte sich erboten, uns als eine Säuglingspflegerin zu unterstützen. Sie teilte die Arbeit in der Folgezeit mit der Frau Klose. So wurde denn Sohn Peter in den ersten Lebenswochen von zwei Professorenfrauen gepflegt; ich kommentierte damals, das sei der frühe Beginn einer akademischen Karriere.

Im Institut von Gorodomlia saß ich in einem Zimmer zusammen mit meinem späteren Schwager, Oswald Conrad. Er berichtete von meinem besonderen Stolz, nun auch Vater eines Sohnes geworden zu sein. Denn als ich morgens unser Zimmer betrat mit den Worten: »Er ist da«, da sei das »Er« phonetisch stark hervorgehoben gewesen.

Die Geburt und auch der Tod, sie zeigen uns tiefbewegende Grenzen des Lebens. Und der Tod blieb auch auf Gorodomlia nicht aus. Zwar war die Gemeinschaft der Deutschen auf der Insel in ihrer altersmäßigen Zusammensetzung ein junges Kollektiv. Es gab unter den Angehörigen nur hier und da jemanden im Alter von Rentnern und Großeltern. Der Älteste der Arbeitenden war Professor Walter Pauer, der als Sechzigjähriger die Insel betreten hatte. Die Nächstälteren waren Professor Klose und Dr. Wolff als Fünfzigjährige. Nach statistischer Erwartung war in diesem Kollektiv mit nur wenigen Todesfällen zu rechnen. Doch jedesmal bedeutete der Tod eine außerordentliche Erschütterung unserer Gemeinschaft. Im letzten Jahre unserer Eremitage erhängte sich eine gemütskranke Frau, etwas eher war ein junges Mädchen gestorben. Doch zu allererst verloren wir einen Mitarbeiter des Sektors Aerodynamik, den Dr. Johannes Schmiedel, mit dem ich seit Bleichrode zusammengearbeitet hatte, der das Fachgebiet Flachwasseranologie vertrat. Auf Gorodomlia wohnte Johannes Schmiedel auch im zweistöckigen Reihenhaus 9, zusammen mit Frau und junger Tochter. Frau Schmiedel war unsere Russisch-

Dolmetscherin und Lehrerin in der Grundschule. Katrin hatte von ihr Lesen und Schreiben gelernt.

Johannes Schmiedel starb im Moskauer Krankenhaus im Jahre 1949, nachdem die Chirurgen Krebs festgestellt hatten. Schon in einem so weit fortgeschrittenen Stadium, daß die Geschwulste nicht mehr operativ zu entfernen waren.

Auf Gorodomlia lastete die Nachricht schwer. Die Sektorleiter beschlossen, im großen Saal des Klubs eine Trauerfeier abzuhalten.

Die dunkelgekleidete Gemeinde hatte sich erhoben, als Dr. Schwarz die Witwe hereinführte und mit ihr in der vordersten Reihe Platz nahm. Ein Arbeitskollege ging zum Podium, und wir hörten seine Trauerworte:

»Lieber Johannes Schmiedel. Nun bist du uns den Weg vorangegangen, den wir alle einmal gehen müssen. Das Erinnern an dich ist in uns allen noch so lebendig, daß es schwer wird zu glauben, daß du jetzt für immer fortgegangen bist. Erst acht Wochen sind vorüber, als wir noch gemeinsam gearbeitet hatten. Damals sprachst du zum ersten Mal vom Kranksein, das unsere Arbeit möglicherweise unterbrechen könnte. Berichtetest, du fühltest dich seit einiger Zeit nicht wohl. Und dann fiel mir auf, daß du bleicher als früher aussahst und magerer geworden warst. Wer aber konnte damals das grausame Geschick voraussehen und ahnen, daß es kein Unterbrechen, sondern daß es das Ende bedeuten würde?

Ich glaube, dich in den drei Jahren unserer gemeinsamen Arbeit so gut kennengelernt zu haben, um zu wissen, du hättest auf dem Krankenbett furchtlos und ohne Klagen dem unerbittlichen Schicksal entgegengesehen, würdest du von der Hoffnungslosigkeit deines Zustandes Kunde erhalten haben. Du gehörtest zu den Menschen, die sich angesichts des nahenden Todes gelassen in das Unabwendbare fügen. Die zurückblicken auf Bilder froher Kindheit, stürmender Jugend bis hin zur Gegenwart. Alles vergoldet in den Strahlen der sinkenden Sonne. Dennoch, du wirst den Abendfrieden nicht ohne die Schatten der Sorge erlebt haben. Du mußtest Frau und Tochter allein lassen, deine Lieben, deren Ernährer und Beschützer du gewesen bist. Wie gern hätten wir deine Sorge genommen, wie gern hätten wir versichert, daß die Deinen nicht schutzlos und mittellos sein würden. Daß wir da sind, um zu helfen. Du aber hast die letzten Tage weit entfernt von uns durchlebt, dieser Trost blieb dir versagt. Doch heute wollen wir, unserer Verantwortung voll bewußt, aussprechen: Lieber Johannes Schmiedel, deine Lieben gehören zu unserer Gemeinschaft, sie werden nie schutzlos sein, sie werden nie darben. Und noch eines wollen wir dir nun sagen, was keiner von uns vorher ausgesprochen hat, was aber viele klar erkannt hatten. Jetzt dürfen wir frei bekennen. Deine Handlungen, deine Worte, deine Lebensart haben viele bewundert, die dich schätzten, denen deine stets freundliche, selbstlos hilfsbereite Lebensweise einen Trost bedeutet hatte in vielem Häßlichen, das der Alltag nun einmal bringt. Ich sehe dich jetzt vor mir, wie du ob solchen Geständnisses höflich lächelnd, aber doch recht bestimmend, abwehren würdest. So mögen diese Worte genügen. Sprechen will ich von deiner Arbeit in der Wissenschaft, der du einen großen Teil deines Lebens gewidmet hast. Wir sind froh darüber, daß du schon früh in der wissenschaftlichen Welt hast Marksteine setzen können. Du hast einen Beitrag im Handbuch der Experimental-Physik verfaßt. Im Lehrbuch von Ludwig Prandtl werden deine Forschungen zum Flüssigkeitswiderstand von Kugeln besprochen...«

Die Russen reihten Frau Schmiedel und ihre Tochter im Jahre 1952 in den ersten Transport der Deutschland-Heimkehrer ein.

Aber der junge Mensch reißt sich gern von bedrückenden

Gedanken an Unabwendbares los, und so will auch ich als Schreiber wieder zum Normalen übergehen. Unter alten Papieren finde ich einen Brief an meine Frau. Zwölf Seiten auf kleinformatigem Papier vom November des Jahres 1951, mit Bleistift geschrieben auf dem Krankenbett nach einer Operation.

Ich erinnere mich noch gut an die Vorgeschichte. Der Winter kam in diesem Jahre ziemlich spät. Zwar waren schon alle Sommerspiele, Tenniskämpfe und das Baden beendet. Längst hatte der Wind alle Blätter von den Bäumen der Vorgärten gerissen, alle sommerliche Pracht war vergilbt. Die Freundesfamilien luden einander an den Abenden ein. Ich sehe mich, unseren Gästen, den Branckes, den Conrads, den Friesers, den Kloses, im warm geheizten Zimmer vorlesend. Aus einem Buch von W. E. Süskind, dem meisterhaften Stilisten, der eine wunderschöne Sprachlehre für Erwachsene verfaßt hatte: »Vom Abc zum Sprachkunstwerk«. Süskind gehörte zum Kreis um Thomas Mann. Ich glaube, im Roman Doktor Faustus wird sein Porträt nachgezeichnet als eine der agierenden Figuren, als der Literat Schildknapp. Aus Süskinds Buch hatte ich einige Passagen vorgelesen. Hernach plauderte man angeregt. Man fand es amüsant, wie hübsch der Autor die Rolle der Präpositionen, der Vorsilben und der Lehnworte beschrieb, wie er vor stilistischen Entgleisungen warnte, wie er die sogenannten schiefen Bilder durch manche Beispiele vorstellte.

In der nachfolgenden Nacht hatte ich schlecht geschlafen. Heftige Leibschmerzen. Ziemlich müde ging ich anderentags zur Arbeit. Die Schmerzen wollte ich vergessen. Manchmal schienen sie abzuklingen, meldeten sich aber immer wieder. Wenige hundert Meter vom Institutsgebäude entfernt lag die Poliklinik. Die ältere, grauhaarige Ärztin Kissilowa, eine Internistin, Frau des damaligen Hauptingenieurs Kissilow, befühlte meinen Leib. Ließ mich die Knie anziehen. Sie diagnostizierte eine Blinddarm-Entzündung und entschied, daß ich noch am selben Tag ins Krankenhaus nach Ostaschkow eingeliefert werden sollte. Denn seit einigen Tagen war die Lufttemperatur ins Negative gesunken. An den Ufern des großen Sees hatte sich schon Eis gebildet. Der See würde in den nächsten Tagen zufrieren. In der Übergangsperiode würden keine Schiffe fahren, und bis das Eis genügend dick sein würde, bis Autos darüber fahren könnten, vergingen ein bis zwei Wochen oder noch längere Zeit. »Wenn die Entzündung weiter fortschreitet, muß unbedingt operiert werden«, sagte Frau Kissilowa, als sie beim Schreiben der Überweisungs-Formulare aufblickte: »Ich bin keine Chirurgin, ich könnte Ihnen nicht helfen. Heute abend fährt der letzte Dampfer nach Ostaschkow. Mit diesem Dampfer werden Sie fahren.«

Am Mittwoch, dem dritten Tag nach der Operation, saß ich mit angewinkelten Knien im Krankenbett und schrieb:

Liebe Gertrud! Heute keimte in mir die leise Hoffnung, Dich als Besucherin in diesen heiligen Hallen der Rekonvaleszenz zu sehen. Aber vielleicht hat es keine Reisegenehmigung gegeben? So müssen sich denn die enttäuschte Erwartung zusammen mit dem angesammelten Mitteilungsbedürfnis in einem Brief entladen. (Das Verbum ist falsch gewählt, der Satz gilt als Beispiel für Süskinds »schiefe Bilder«, aber vielleicht billigst Du mir mildernde Umstände zu und urteilst »halbschiefes Bild«).

Ich werde nun versuchen, Dir einen mit Vorsilben gewürzten und mit Präpositionen belebten Bericht zu geben von allen Abenteuern, die ich erlebte seit seiner Abfahrt vom nördlichen Pristan (Lehnwort) in jener mondhellen, frostklirrenden Nacht. Meine Abenteuer erlebte ich meistens auf dem Rücken liegend, einmal sogar nackt und an Armen sowie Schenkeln gefesselt. Doch, jugendliche Leserin, ich möchte Deine geneigte Ungeduld nicht weiter reizen (oder sollte ich besser schreiben: sie nicht zur Probe fesseln?) und will meinen Bericht beginnen:

Die Reise mit dem Dampfer über den großen See verlief glatt. Es störte absolut nicht, daß sich im Boden des Schiffes ein kleines Loch gebildet hatte (Leck heißt wohl das Fachwort). Die auf so seltene Ereignisse nicht vorbereitete Pumpe arbeitete nicht. Auch das störte nicht. Die Mannschaft formierte sich zu einer Eimerkette (nimm das als weiteres Beispiel für ein schiefes Bild). Die Matrosen schöpften und reichten die Eimer weiter mit Geduld und Ausdauer. Durch ihr mindestens zwanzigminütiges Mühen war das Wasser wohl so gut dressiert worden, daß auch während der restlichen vierzig Minuten der Überfahrt, als nicht mehr geschöpft wurde, es seine neu erworbene Eigenschaft, weder zu steigen noch zu fallen, beibehielt.

In Ostaschkow war schon rührend vorgesorgt worden. Kaum hatte ich nur wenige selbständige Schritte gemacht, als der gute, uns von der Insel bekannte, Kolja erschien, mich begleitete und meinen Koffer trug. – Sage nicht, jugendliche Leserin, ich würde zu ausführlich erzählen, denn der Schreiber dieser Zeilen ist in den letzten Jahren so wenig gereist, daß ihm nun jede Einzelheit höchst bemerkenswert erscheint.

Wir machten eine kurze Rast im ersten Restaurant dieses Städtchens. Darinnen saßen in fröhlicher Runde sieben junge deutsche Frauen aus unserem Bekanntenkreis, die in frohem Übermut soeben durch Mehrheitsbeschluß festgelegt hatten, daß sie in dieser Nacht keine Seefahrt mehr zurück zur Insel machen würden. Daß sie aber weiterhin den dampfenden Glühwein ihrem Lebenssaft beimischen wollten, womit sie schon vor geraumer Zeit begonnen hatten, um sich für das Abenteuer einer Nacht im kleinen Gasthof zu rüsten. Sie erschraken heftig, uns beide, Kolja und mich, eintreten zu sehen, fürchtend, wir seien Abgesandte des inselgewaltigen Klemenko mit dem Auftrag, sie alle sieben einzufangen und zur Insel zu bringen. Ja, die Ilse Frieser stieß sogar einen Schrei aus, der nach Klage und Enttäuschung klang. Aber die sieben Frauen beruhigten sich sogleich, als sie hörten, der Grund unseres Kommens sei der, daß mich ein messerwetzender Chirurg zwecks Bauchaufschlitzens erwarte. Sofort war die gute Laune wiederhergestellt, und wir beiden Männer durften im Kreise der Amazonen ein Glas leeren. Kolja hatte es eilig, seinen Auftrag zu erledigen, er trieb bald zum Aufbruch. Unser beider Schritte hallten wider durch die frostkalte Mondnacht. Der Weg schien besonders dem Kolja recht lang, er philosophierte ausgiebig über das Gewicht meines Koffers.

Im Krankenhaus angekommen, untersuchten mich sogleich eine Ärztin und eine Operationsschwester. Da meine Leibschmerzen nach eigener Einschätzung kaum einen Tag Arbeitsausfall, geschweige denn die Einlieferung in ein Krankenhaus, rechtfertigen konnten, hatte ich ein schlechtes Gewissen. Ich meinte, ich sei doch ziemlich gesund. Nur die Ärztin von der Insel würde mich gern der Obhut ihrer Kollegin im Krankenhaus anvertrauen. Aber diese Ärztin teilte meine Skrupel nicht. Sie ließ mich zuerst ein Wannenbad nehmen. Vielleicht als Entschädigung für das heute versäumte Sauna-Vergnügen. Sodann mußte ich einen zum Hause gehörenden Schlafanzug und Morgenrock anziehen. Und dem neu Eingekleideten wies man ein Bett in einem sauberen Schlafsaal zu. Vier russische Patienten lagen in den Betten. Mit ihnen hatte ich bald Freundschaft geschlossen. Zuerst waren sie ganz gerührt, als ich jedem aus meinem Vorrat einen Apfel überreichte. Aber ich war auch gerührt, als sie in der Folge jeden Keks und jede Schokolade, die ihnen Besucher brachten, auch mit mir teilten. Es ist die so selbstverständliche Kameradschaft unter Arbeitern, die ich bei meiner Fabrikarbeit und bei den Soldaten kennengelernt hatte. Einer der Mitpatienten war vor vier Tagen am Blinddarm operiert worden. Er lief jetzt recht munter, ohne alle Schwierigkeiten, im Saale herum. Am gleichen Abend wurde ich von einer zweiten Ärztin, die deutsch sprach, untersucht. Sie konstatierte, unmittelbare Gefahr bestünde nicht, deshalb würde man heute nicht mehr die Chirurgin herbeirufen. Diese lernte ich am nächsten Morgen kennen. Eine junge Frau von 27 Jahren (wie mir die Krankenschwester nachträglich verriet), frisch, resolut und sachkundig, dem Patienten Vertrauen einflößend. Ihre Diagnose: Fortgeschrittene Blinddarm-Eiterung. Die Operation wird für den gleichen Tag angesetzt.

Bald hörte ich durch die Wände ein Geräusch, ähnlich wie ein Staubsauger tönt. Die Kameraden belehrten mich, daß dieses Summen den Operationen immer vorangehe. Vermutlich sterilisiert man die Instrumente (ein Ersatz für das Messerwetzen).

Ich hatte bis dahin in dem dicken Buch des Physikers Bavinik »Ergebnisse und Probleme der Naturwissenschaften« gelesen. Nun, nach diesem Voralarm, unterbrach ich die Lektüre und sammelte meine Gedanken. Das Datum meiner Operation werde ich mir gut merken können. Es ist der elfte Tag des elften Monats. Der Tag, an dem im fernen Rheinland der Karneval eröffnet wird. Es ist auch der Tag eines wissenschaftsgeschichtlichen Ereignisses: Am 11.11. des Jahres 1911 wurde mit einem Kapital von 11 Millionen Mark die Kaiser-Wilhelm-Gesellschaft zur Förderung der Wissenschaften gegründet, Vorgängerin der heutigen Max-Planck-Gesellschaft.

Schon bald rief mich eine Operationsschwester. Ich erhob mich sogleich, und wie ein Schauspieler, der alle Augen auf sich gerichtet fühlt, schritt ich würdevoll hinaus. Wie einstens Danton zur Guillotine. Doch meine Würde war verfrüht und übertrieben. Die Schwester wies mich in einen

Nebenraum, um mir die Haare vom Bauch zu rasieren und mir eine Morphiumspritze zu verabreichen. Dieses allerdings schon im Hinblick auf die bevorstehende Operation und nicht etwa, um mir ihr Kratzen mit dem Rasiermesser auf meinem Bauch zu erleichtern. Sie entließ mich noch einmal ins Bett, mich aber wissen lassend, daß die Operation in zehn Minuten stattfinden würde. Als ich nach Ablauf dieser Frist wiederum gerufen wurde, gelang mir der Abgang aus dem Saal – wegen der vorangegangenen Probe – mit aller Würde und mit vollkommener Selbstbeherrschung. – Und wohin führte mich die Schwester? Zur Toilette!

Doch dann wurde es wirklich ernst. Man weist mich in den Vorraum des Operationssaales. In einer Sterilisationsschleuse entkleidet mich eine Schwester, angetan mit Handschuhen und Atemmaske, vollständig. So schreite ich in den Operationsraum, erwartet von vier Frauen: Der Chirurgin, der Operationsschwester und zwei Hilfsschwestern. Alle vier in schneeweiße Mäntel gehüllt. Die Atemmasken lassen nur die munteren Augen sehen. Ich muß an schamhaft verhüllte Türkinnen denken.

Die Chirurgin und die Operationsschwester tragen lange Gummihandschuhe. Der Operationssaal wirkt groß und mit seinen hohen Fenstern sehr hell. Die großen Glasscheiben der Instrumentenschränke blinken. Draußen ein schöner Wintertag, strahlend sonnig mit tiefblauem Himmel.

In der Saalmitte steht der Operationstisch. Ich muß mich darauf legen. Flinke Hände schnallen mich an den Oberschenkeln und Unterarmen mit breiten Riemen fest. Mit weißen Tüchern werde ich zugedeckt, nur der Leib und der Kopf bleiben frei. Schnell hat man die Blinddarmgegend mit Jodtinktur bepinselt. Die Chirurgin steht rechts. Ihr gegenüber auf der linken Seite wartet die assistierende Operationsschwester. Zu meinem Haupt sehe ich links und rechts die Hilfsschwestern. Damit ich nun nicht alles »live« mit ansehen kann, hängt man über einen Bügel des Operationstisches ein weißes Tuch, das eine Wand zwischen meinem Kopf und meinem Unterkörper zieht. Aber ich konnte dennoch zuschauen, nämlich im Spiegel eines über dem Operationstisch hängenden großen Scheinwerfers, der wegen des hellen Mittagslichtes nicht eingeschaltet war. Meistens habe ich aber besser als über den Spiegel den Stand der Operation aus den Mienen der beiden Schwestern, rechts und links von mir, ablesen können. Zwar eine recht ungewöhnliche Perspektive. Ich muß von unten her analysieren: Steckt hinter dieser Stirnfalte nur Aufmerksamkeit oder Besorgnis, oder bedeutet sie noch Schlimmeres? Was denken diese beiden mit Atemmaske verschleierten Mädchen?

Drei Spritzen haben die Bauchpartie unempfindlich gemacht. Ich soll nicht den Leib spannen, nicht die Fäuste ballen, ich soll ganz ruhig atmen, mahnt die Operationsschwester. Ihre Hand liegt dauernd auf meinem Herzen. Ich fühle, wie schnell etwas von meiner rechten Bauchseite herabrieselt. Ich atme ganz ruhig. Verspüre keinen Schmerz. Aber am ganzen Körper bricht der Schweiß aus. Es erleichtert, wenn mir eine der Schwestern Stirn und Gesicht trokkenwischt. Ich versuche einen dankenden Blick. Ob ich das wohl später einmal zeichnen werde? Die Spiegelung über dem Scheinwerfer. Weiter zurück eine Lampenschnur, und noch weiter, aber tiefer, diese rätselhaften Sphinxgesichter. Ich möchte an einen griechischen Philosophen denken. Aus Agrigent. Wie heißt er doch? Nein, nicht Epikur. Dann fällt mir der Name ein: Empedokles!: »Empedokles«. Die Schwester fragt, was ich möchte. Ich habe wohl laut gesprochen? »Nein, nichts, alles in Ordnung.« Dann bald die Stimme der Ärztin: »Der Blinddarm ist sehr schlecht.« Ich versuche, einen erklärenden Blick der Schwester einzufangen: »Gleich ist er draußen«, nickt sie. Die Ärztin spricht jetzt mit der Operationsschwester. Die Stirnfalten meiner Sphinxe werden sehr tief. Ab und zu spüre ich einen kurzen stechenden Schmerz. Ich bemühe mich, das Stöhnen zu unterdrücken. – Eine charmante Stimme: »Möchten Sie den Blinddarm sehen?« Ich: »Das ist nicht nötig.« Aber dann baumelt er doch vor meinen Augen. Etwa zwölf Zentimeter lang und zwei Zentimeter dick, eitergelb und ein wenig blutig. »Sehr, sehr schlecht«, erklärt die Schwester. »Nach drei Tagen wäre der Durchbruch gekommen.«

Das Operieren geht weiter. Die Ärztin ruft nach einem Journal. Eine der Sphinxe schreibt jetzt, am Tisch sitzend, nach dem Diktat der Ärztin. Ich verstehe nichts von dieser Fachsprache. Es sind dem Klange nach beschreibende Sätze. Der zurückgebliebenen Sphinx kann ich keinen Blick abgewinnen. Sie konzentriert sich auf den Ablauf der Operation. – Ganz leise spreche ich nun. Bewege kaum die Lippen. Sage die Namen meiner Frau und meiner Kinder. Ich fühle mich schrecklich einsam. Ich sage mir: Heute ist der elfte November. Heute ist der Himmel strahlend blau. Ab und zu wieder Schmerzstechen. Dann bin ich überrascht. Es ist vorbei, es ist wirklich vorbei, es ist geschafft! Auf allen Gesichtern deutliche Entspannung. Ja, ist denn das möglich? Helferinnen frottieren mich trocken. Die Ärztin geht fort. Ich fange ihren Blick auf. Immer noch verdeckt die Maske die Hälfte ihres sonst blühenden, frischen Gesichtes. Sie sieht blaß aus, dicke Schweißperlen stehen auf der Stirn. Doch ihre Augen sind munter geblieben. Dieses tüchtige Mädchen! Tiefste Dankbarkeit und Bewunderung durchströmt mich. Man trägt mich zurück ins Bett. Die Operation hat eine Dreiviertelstunde gedauert. Ich wage nicht, mich im Bett zu rühren. Aber mir wird klar gemacht, ich müsse mich unbedingt vom ersten Augenblick an bewegen. Ich frage unabhängig voneinander drei der beim Operieren Anwesenden, ob sie noch etwas anderes als den Blinddarm operiert hätten. Sie gaben alle die gleiche Antwort: »Nein, aber der Blinddarm war sehr stark vereitert gewesen.« Ich bin zufrieden, ich bin froh. Bis zum nächsten Morgen soll ich nicht essen.

Abends, als die Schmerzen an der Wunde stärker werden, bekam ich eine Morphiumspritze. Ich hörte im Radio ein Konzert aus dem Moskauer Tschaikowski-Saal, es musizierten koreanische Künstler. Ich fand die Musik großartig. Bei ihren Klängen sah ich plastisch und greifbar deutlich die asiatischen Tempel, sah Samurais mit Krummschwertern. Vielleicht verursacht die Morphiumspritze derartig angenehme Träume? Am nächsten Morgen, bei der Visite, war die Ärztin sehr zufrieden mit meinem Befinden. Sie erlaubte mir sogleich, aufzustehen. Mit unendlicher Vorsicht, ganz langsam gehend, gelang mir ein Weg von zwanzig Metern. Aber bald ging es schon besser. Ich nehme an, daß diese neue Methode den Heilprozeß nur beschleunigt. Und heute, am Mittwochmorgen, erzählte mir die Ärztin, daß ich am Sonntag entlassen werden kann.

So übermütig, wohlgelaunt und optimistisch läßt sich von einer Operation berichten, wenn sie gut verlaufen ist und man weiß, daß einem ein neuer Lebensabschnitt geschenkt ist und daß ohne Operation das Leben bald geendet hätte. Zur damaligen Zeit war ein Patient mit Blinddarmdurchbruch nicht zu retten gewesen. Noch kannte man nicht das Ausspülen der Bauchhöhle mit Antibiotika. So starb nach einem Blinddarmdurchbruch Dr. Hoch. Er war 1950 Hauptkonstrukteur geworden, hatte Herrn Gröttrup aus diesem Amt verdrängt. Doch nach kurzer Amtszeit hatten die Russen ihn in ein anderes Kollektiv versetzt. Zusammen mit einigen wenigen Mitarbeitern und allen Familienangehörigen hatte er die Insel verlassen. Erst nach dem Eintreffen dieser Mitarbeiter in Deutschland erfuhren wir von seinem Tod. Er hatte sich trotz starker Schmerzen zu spät zur Blinddarm-Operation gemeldet.

Schon im zweiten Inselsommer senkten die Russen die Gehälter einiger Wissenschaftler. Verursacht war das durch anhaltende abwertende Nachrede rivalisierender deutscher Fachkollegen, die auch der russischen Leitung zu Ohren kommen mußte.

Offiziell hatte der Inseldirektor das Gehaltsenken mit mangelnder Sachkenntnis oder mit mangelnder Arbeitsintensität begründet. Ich war herzlich froh, daß vom Sektor Aerodynamik niemand zu den Gemaßregelten gehörte. Aber Herr Klose und Herr Siegmund waren unter ihnen.

Ich bewunderte die Gelassenheit des Herrn Klose. Nach dem vom Inseldirektor feierlich ausgesprochenen Urteil – alle Sektorleiter mußten als Zuhörer an der Veranstaltung teilnehmen – ging ich mit Herrn Klose heimwärts. Ich war sehr bedrückt. Schweigend gingen wir nebeneinander her. Plötzlich blieb Herr Klose stehen, schüttelte den Kopf, holte tief Luft, er reckte sich und sagte: »Trotzdem werden wir heute zur Theaterprobe auf die Waldbühne gehen.« Damals probten wir »Die versunkene Glocke«. Klose lachte schon wieder fröhlich.

Ein anderes Mal trieb die üble Nachrede ganz giftige Blüten. Wie ich schon erzählt hatte, erhielt die Witwe des Johannes Schmiedel eine kleine Rente aus unserer freiwilligen Gemeinschaftskasse. Frau Schmiedel hatte früher in unserer Schule die jungen Anfänger unterrichtet. Sie war eine bei Eltern und Schültern beliebte Lehrerin gewesen. Alle Deutschen, so auch sie, leisteten die Lehrerarbeit ehrenamtlich. Als ihr Mann erkrankte, hatte Frau Schmiedel die Lehrerarbeit beendet und sie auch nach seinem Tode nicht wieder aufgenommen.

Bald organisierten einige wenige eine Kampagne gegen Frau Schmiedel mit der Losung: Wenn sie nicht arbeitet, soll sie auch kein Geld bekommen!

Und ebenso wie in Rossinis Arie die Intensität der Verleumdung vom säuselnden Lüftchen bis zum Donner der Kanonen anschwillt, so wurde die Forderung, Frau Schmiedel die Rente zu entziehen, in immer größer werdenden Kreisen unter den Deutschen propagiert. Die Protagonisten organisierten sogar eine Unterschriftensammlung und erreichten tatsächlich eine, wenn auch knappe, Mehrheit.

Doch gelang es dem Dr. Wolff, als damaligem Leiter des deutschen Inselkollektivs, den russischen Inseldirektor intervenieren zu lassen, der die Unterschriftenaktion für unzulässig erklärte. Frau Schmiedel behielt fortan unangefochten ihre Rente, ihre Freunde versicherten, daß, obwohl bei der Abstimmung unterlegen, sie stets die Beschützer bleiben würden.

In vielen Menschengemeinschaften wuchern Mißgunst und üble Nachrede. Daraus entzünden sich nachbarliche Streitereien, Mißhelligkeiten der Berufskollegen. In Gorodomlias isolierter Menschengemeinschaft hätte große Gefahr allgemeinen Verzankens bestanden, wenn solchen Tendenzen nicht auch entgegengewirkt worden wäre. Und zwar in ganz unauffälliger Weise, ohne besondere Absicht durch Menschen mit Vorbildwirkung. Es waren das solche Mitbewohner, die niemals abfällig über Abwesende redeten, die zu bedenken gaben, daß man anständigerweise an Kritik über einen Abwesenden nur das sagen dürfte, was man auch bereit wäre, ihm bei Anwesenheit zu sagen. Schon das Nachdenken über solche Maximen wirkt dämpfend auf eine ansonsten ungehemmte Lust zur üblen Nachrede.

Diese wenigen, dem Trend entgegenarbeitenden Menschen traten niemals in der Pose moralisierender Prediger auf. Vielleicht war gerade deshalb deren Wirkung außerordentlich groß. Ich denke an den Ingenieur Wenzel, von dessen unerschütterlicher Geduld und seinem Gerechtigkeitssinn ich dem Leser schon eine Probe gab durch das Erzählen der Geschichte vom Paketabliefern und von der Kompressorhavarie.

Ich denke an Hellmuth Frieser, an dessen künstlerische Aktivität; er gründete das Kammerquartett und den Mädchenchor, er bot der Gemeinschaft die Möglichkeit zum Mitmachen und zum Mithören. Seine Fähigkeit, wissenschaftlich zu denken, wandte er auf die Problemstellungen des täglichen Lebens an. Er äußerte stets freimütig seine Gedanken, auch wenn sie der öffentlichen Meinung konträr entgegenstanden. Dadurch regte er zum Nachdenken an, und mancher sah ein, wie gefährlich es werden kann, sich in Äußerungen und Handlungen von Stimmungen und Vorurteilen treiben zu lassen.

Besonders denke ich auch an Walter Pauer, den früheren Professor für Wärmewirtschaft an der Technischen Hochschule in Dresden. Er, der älteste unter uns, hatte kein leitendes Amt mehr im Arbeitskollektiv. Die Deutschen achteten ihn wie einen weisen Patriarchen. Vielleicht war es seine Zivilcourage gewesen, eine ansonsten in der menschlichen Gesellschaft ziemlich verkümmerte Tugend, die ihn zur unumstrittenen Respektsperson gemacht hatte. In vielen Gesprächen mit den Mächtigen, wenn alle anderen schon den Kopf eingezogen und allenfalls heimlich die Faust in der Tasche geballt hatten, war er furchtlos vorgetreten, hatte gewichtige Gegenargumente in einer Weise vorgetragen, die auch die Gegenseite ihren Standpunkt überdenken ließ. Hielt er andererseits manche unpopulären Maßnahmen der russischen Inselleitung für notwendig, dann sagte er das, und die Deutschen fügten sich.

Und schließlich waren es auch die vielen Hobbys, die zum friedlichen Zusamenleben der Inselgemeinschaft beitrugen. Die Hunde- und Katzenliebhaber hatten von russischen Bauern in Ostaschkow Jungtiere gekauft. Im Gorodomlia-

Dorf liefen bald ebensoviele Hunde und Katzen herum wie in jedem vergleichbaren deutschen Dorf. Aber eines war sonderbar und blieb mir unerklärlich. Die Hunde bellten nur, wenn Russen vorbeigingen, sie konnten sich dann ganz rasend gebärden. Niemald bellten sie einen vorübergehenden Deutschen an. Der russische Inseldirektor wurde ob solcher Belästigungen recht ärgerlich, er argwöhnte, die Deutschen hätten die Hunde entsprechend abgerichtet. Das aber war nicht geschehen.

Eigenartig schien es mir auch, daß mein Sohn, als er noch ein Bub von zwei bis drei Jahren gewesen war, sogleich zu weinen begann, wenn er jemanden russisch sprechen hörte. Einmal saß die Familie im Restaurant. Die Kellnerin hatte dem Kleinen, ihn dabei freundlich anlächelnd, ein Glas Limonade serviert. Er ließ sich auch gern von ihr streicheln. Aber als sie ihn sanft russisch anredete, da gab es sogleich ein herzzerreißendes lautes Weinen.

Das Restaurant lag nahe beim Magazin, dem Universalkaufladen. Professor Schütz besuchte als guter Familienvater täglich nach Dienstschluß den Laden, um zu sehen, was es Neues zu kaufen gäbe. Ich blieb in dieser Hinsicht reichlich phlegmatisch, nur ab und zu, so auch vor den Geburtstagen der Kinder, suchte ich nach Geschenken. Die russische Verkäuferin pries mir eine Kindertrompete und eine kleine Trommel an. Ich machte ihr klar, daß ich lärmverursachendes Spielzeug nicht leiden könne. Doch da beruhigte sie mich: »Ach«, sagte sie, »das ist nicht so schlimm, Spielzeug schon morgen kaputt.«

Doch gab es auch Warenlieferungen, bei deren Kauf man nicht phlegmatisch zögern durfte. Es konnte geschehen, daß nächtens zur Winterzeit von freundlichen Nachbarn an die Haustür geklopft wurde, die ihrerseits alarmiert worden waren mit der Nachricht: Im Magazin ist Zucker eingetroffen! Dann zog man sich schnell an; alle bereitliegenden

Kopfkissenbezüge wurden zu Säcken umfunktioniert. Man lief mit dem Schlitten zum Magazin, reihte sich in die Schlange der schon Wartenden. Verpaßte man den Verkauf der Jahreslieferung, dann mußte man sich bei Nachbarn und Freunden kontinuierlich kleine Rationen zusammenborgen.

Beengtes Zusammenleben ergibt auch unter den Tieren besondere Probleme. Schon im ersten Frühjahr sahen wir Scharen großer, hellgrauer Vögel, die sich auf der Insel niederließen. Und zwar auf nur wenigen hohen Bäumen in der Umgebung des Dorfes. Es waren Reiher, die nun dicht an dicht ihre Nester bauten. Während der Bauphase hörte man sie dauernd lärmen, es gab ein nichtendenwollendes Krächzen und Kreischen. Schaute man ihnen zu, dann erkannte man, daß dieses Lärmen durch nachbarliches Gezänk der Nestbewohner verursacht wurde. – Einer der Buben hatte einen jungen, noch nicht flugfähigen Reiher, der aus dem Nest gefallen war, aufgenommen und gepflegt, das war anstrengend gewesen. Der junge Nimmersatt verlangte Unmengen von Fröschen, die der Betreuer im Schilf, am Rande des Sees, fangen mußte.

In einem späteren Inselsommer hörten wir das Gerücht, Spaziergänger hätten im Wald einen großen Elch gesehen, ein Gerücht, das man zuerst als Variante des Jägerlateins einstufte. Doch immer mehr Inselbewohner bezeugten die Kunde. Vielleicht war der Elch über den großen See geschwommen, war durch eine zufällig offenstehende Tür im Zaun, der die ganze Insel lückenlos umspannte, eingedrungen. Danach aber war er, genau wie jeder von uns, ein Gefangener der Insel geblieben. Eines Abends klopften Freunde an unsere Haustür, berichtend, der Elch liege wiederkäuend auf einer nahen Waldwiese. Wir folgten den Freunden, nachdem ich noch schnell nach Skizzenblock und Zeichenstift gegriffen hatte. Tatsächlich, an beschriebener

Stelle lag das große Tier friedlich im Grase. Eine Elchkuh war es, ohne Geweih. In frühen Wintertagen, als es zur Zeit des morgendlichen Schulanfanges noch dunkel war, kam unser Töchterchen, die Katrin, ganz aufgeregt vom Weg zum Schulhaus zurück: »Ich kann nicht zur Schule gehen, der Elch steht auf dem Weg.«

Doch als die Mutter sie begleitete, da hatte der Elch sich schon von dannen getrollt.

Manche Haustiere hingegen müssen eingesperrt werden. Einer der deutschen Ingenieure hatte sich Ziegen angeschafft und für die Tiere einen Stall gebaut. Den wollte er gegen Diebstahl mit einem Vorhängeschloß sichern. Im Magazin gab es keines zu kaufen. Nach vielem Herumsuchen und Fragen wandte er sich an den Inseldirektor. Zwar konnte auch der ihm nicht helfen, das Schloß zu beschaffen. Er riet ihm aber, die Stalltür zu versiegeln. Siegellack könne man kaufen. Alles lachte. Doch der Ratschlag war ernst gemeint. Kein Russe verletzt ein Siegel. Denn darauf stehen lange Freiheitstrafen.

Zu dieser Zeit hatte Conrad Zahnschmerzen bekommen. In der Poliklinik untersuchte der Zahnarzt: »Eigentlich müßte ich den Zahn anbohren«, sagte er, »aber das geht nicht. Schauen Sie, der Elektromotor des Bohrers ist kaputt.« Tatsächlich, der Motor reagierte nicht auf den Schalter. Conrad, an jenem Nachmittag einziger Patient, schraubte den Schalter auseinander. Die Kontakte waren in Ordnung, der Schaden mußte im Motor liegen. »Darf ich den Motor ausbauen und reparieren?« fragte der Patient. »Aber gern«, antwortete der Arzt, »nehmen Sie den Motor mit und reparieren Sie.« Und so geschah es auch. Conrad mußte eine Wicklung ersetzen, er besorgte sich dazu den Draht bei den Elektrikern im Institut. Seine ziehenden Schmerzen trieben ihn zur schnellen Arbeit. Endlich brummte der Motor. Conrad packte ihn in die Aktentasche, ging zur Klinik und baute ein. Der Zahnarzt probierte, er war sehr zufrieden mit seinem tüchtigen Patienten, freundlich nötigte er ihn auf den Behandlungsstuhl.

Einmal in jedem Sommer gab es einen Tagesausflug mit dem Dampfer über den großen, weiten See, ein frohes Ereignis für uns alle. Viele Stunden lang fuhr der Dampfer, manches Mal durch schmale Wasserarme, häufig über unbegrenzt weite Flächen.

Irgendeine der kleinen, wenig bewohnten Inseln wurde angesteuert und am Land ein Picknick veranstaltet. In diesen entfernten Winkeln des Sees konnten wir uns nur schwer zurechtfinden. Eine geographische Karte hatten wir nie gesehen. Auch der Kapitän des Dampfers hatte keine Karte, er brauchte sie nicht, weil er ohnehin jeden Winkel des Sees, jede Untiefe gut kannte. Als ich, mit meinem kleinen Sohn an der Hand, neben ihm auf der Brücke stand, da wollte er dem Buben eine Freude machen. Peter mußte sich auf eine schnell herangeschobene Kiste stellen, er durfte das große Steuerrad des Schiffes drehen. Wir waren weit entfernt von jedem Land. Doch bald schauten die Passagiere, die auf dem Vorderdeck saßen, hoch zur Brücke, um zu erkunden, weshalb der Dampfer schon den zweiten engen Kreis zog. Alle lachten herzlich, als sie den sehr jugendlichen Steuermann sahen.

Der Telefonverkehr zwischen unserer Insel und dem Festland bei Ostaschkow lief durch ein Unterseekabel. Interessant, wie dieses Kabel verlegt worden war. Keineswegs auf die Weise, wie sie Werner von Siemens im vorigen Jahrhundert praktiziert hatte, als er zusammen mit seinem Bruder Unterseekabel durch das Mittelmeer legte. Er ließ das Kabel von großen Rollen aus dem Laderaum eines fahrenden Spezialdampfers abspulen und ins Meer sinken. Am Seligersee bewerkstelligte man das viel einfacher. Arbeiter legten zur

Winterszeit das lange, die Insel mit dem Festland verbindende, Kabel auf den zugefrorenen See, genügend locker, nicht zu stramm. Mit dem Schmelzen des Eises im Frühjahr senkte sich das Kabel zum Seeboden.

Daß die Russen trotz materialistischer Weltanschauung und Atheismus recht abergläubisch sind, hatte ich schon zu Bleicheroder Zeit erfahren. Zusammen mit dem Oberstleutnant Tjulin war ich im offenen Auto bei schönstem Sommerwetter zu einer Besprechung nach Sangershausen gefahren. Ein schöner Tag, Blumen blühten, Bienen summten. Als wir von der Sitzung zum Auto zurückgekommen waren, auf den ledergepolsterten Rücksitzen des Autos saßen, da hatte ich übersehen, daß vor mir schon eine Biene den Platz besetzt hatte. Das merkte ich erst, als sie mich ungestüm stach. Ich konnte nicht jammern, weil neben mir ein Offizier mit vielen Orden und Tapferkeitsmedaillen saß, ich verbiß den Schmerz. – Doch ich wollte vom Aberglauben erzählen. Auf der Rückfahrt lief eine schwarze Katze über den Weg. »Schade, alles für die Katz«, sagte Herr Tjulin, »wir werden keinen Erfolg mit unserer Besprechung haben.«

Als ich bei einer der seltenen Dienstreisen zusammen mit Johannes Schmiedel und dem uns bewachenden russischen Ingenieur in der Halle eines Moskauer Bahnhofs stand, fiel mir auf, daß damals in der Numerierung der Fahrkartenschalter die 13 fehlte. Wir sahen 11 und 12, dann ging es weiter mit 14 und 15. Der russische Ingenieur erklärte, daß viele Bürger abgeschreckt würden, am Schalter 13 eine Fahrkarte zu kaufen, fürchtend, das könnte Unglück auf der Reise bringen.

Auf Gorodomlia ging ich nach Dienstschluß gern allein spazieren. Einmal, im Herbst wird es gewesen sein, es war früh dunkel geworden, doch die Luft war angenehm warm geblieben, wanderte ich ziemlich weit am Binnensee entlang bis zum äußersten Winkel, an dem eine kleine Holzbrücke den Wasserarm überspannt. Ich trug einen leichten, ganz hellen Sommermantel. Aus der Ferne hörte ich ein Motorrad. Es kam näher, es fuhr mir entgegen. Um ihm nicht auf der schmalen Brücke zu begegnen, wartete ich am Wegesrand. Das Motorrad stoppte vor der Brücke, sein Scheinwerfer erlosch. Im Mondlicht sah ich, und ich hörte es auch, wie der Fahrer sich vergebens bemühte, den Motor wieder in Gang zu setzen. Immer aufgeregter trat er den Starter. Dann endlich legte er den Gang ein, schob laufend das Rad über die Brücke und weiter an mir vorbei. Und dann sprang der Motor an, knatternd entfernte sich das Rad.

Einige Wochen später erzählte ein Kollege vom Aberglauben der Russen. Der Leiter unserer Elektrostanzia habe berichtet, daß der Geist des alten Eremiten Nil immer noch über die Insel spuke. Er selbst habe ihn mit eigenen Augen gesehen. Abends im Dunklen mit dem Motorrad fahrend, sei plötzlich vor der kleinen Brücke am Binnensee der Motor stehen geblieben und nicht wieder in Gang zu setzen gewesen. Als er aufschaute, da habe am Wegesrand, groß und unbeweglich, im weißen Gewand, der Eremit gestanden. Er sei mit dem Rad losgerannt, über die Brücke hinweg gelaufen, und erst, als er am Gespenst vorbei gewesen wäre, sprang der Motor plötzlich wieder an.

Manche Anekdoten lassen sich auch in Verbindung mit der verordneten strengen Geheimhaltung erzählen. Ein neu eingestellter, einheimischer Fotograf wollte sich einen Nebenverdienst schaffen. Er vereinigte die Paßbilder aller im Institut beschäftigten Deutschen mit Namensunterschriften fotografisch zu einem großen Gesamtbild. Seine Fotomontage wurde gern von den Deutschen gekauft. Bis wir hörten, es sei ein unerlaubtes Bild, es müßten alle Exemplare zurückgeliefert werden. Zwei der Deutschen engagierten sich sehr stark als Eintreiber, dazu vermutlich von einer russischen Instanz genötigt.

Ich erzählte schon von unserer Vermutung, alle unsere Briefe nach Deutschland würden auf der Insel von einer Kontrollinstanz über Wasserdampf geöffnet und gelesen. Ein Chemiker machte die Probe aufs Exempel, indem er den Briefumschlag mit einer in Wasser unlöslichen Paste verklebte. Was geschah? Nach einigen Tagen wurde ihm der Brief kommentarlos, wie eintreffende Post, wieder zugestellt. Der Chemiker war mit dem Ergebnis seines Versuches zufrieden.

Dennoch, mit einiger Raffinesse ließ sich auch die Routinearbeit der Zensoren überlisten. Herr Magnus lieferte ein Beispiel. Er war es früher gewohnt gewesen, alle Fortschritte auf seinem Forschungsgebiet, das war die Mechanik des Kreisels, in Fachzeitschriften zu publizieren. Diesen seinen Forschungen aus der Göttinger Zeit ging er auch auf Gorodomlia nach. Er widmete dem Thema seine Mußestunden. Auf die besondere Freude des Wissenschaftlers, neu Gefundenes durch einen Zeitschriftenartikel kundzutun, wollte er nicht verzichten. Er hatte bei der russischen Leitung schon angefragt, ob er diese in keiner Weise mit Raketentechnik zusammenhängenden Resultate in einer deutschen oder auch in einer russischen Fachzeitschrift publizieren dürfte. Der üblichen Antwort: »Nun, man wird sehen, schreiben Sie einen Antrag«, hatte er entsprochen. Er hatte geschrieben, und er hatte wiederholt die Entscheidung angemahnt. Diese Methode der Verwalter kannte er schon allzu gut. Er wußte, daß die ganze Prozedur nichts anderes als eine sehr in die Länge gezogene ablehnende Antwort bedeutete.

Eines Tages entdeckte ich im neusten Heft der in Berlin verlegten Zeitschrift für angewandte Mathematik und Mechanik unter den kleinen Mitteilungen einen Artikel, der mit Kurt Magnus, Ostaschkow (UdSSR), unterzeichnet war. Magnus erzählte mir, daß er den Text in einem normalen Brief untergebracht hatte, zeilenweise gemischt mit den üblichen Briefinformationen, die man an Freunde und Verwandte schreibt. Und sogar alle Korrekturabzüge waren nach Gorodomlia gelangt als Einwickelpapier in einem Paket. Und dann hatte Magnus seine rückmeldenden Korrekturanweisungen wieder in einen Brieftext eingestreut.

Die Institutsarbeit war mit der Zeit einem immer strenger werdenden Geheimhaltungsritual unterworfen worden. Verantwortlich für die Geheimhaltung war der Chef der ersten Abteilung, ein Offizier mit tartarischem Gesichtsschnitt, ein gutmütiger Mann. Sein Büro lag im Erdgeschoß des Institutsgebäudes. Eines Tages, während des ersten Inselfrühlings war es gewesen, da kamen wir früh morgens zur Arbeit und fanden alle unsere Büroräume verschlossen und versiegelt. Nachdem man sie geöffnet hatte, sahen wir, daß nächtens alle unsere Manuskripte, alle Zeichnungen numeriert worden waren, ebenso wie alle Blätter noch unbeschriebenen Papiers. Gegen eine Quittung wurde uns das Material wieder ausgehändigt. Fortan waren wir verpflichtet, jedes beschriebene und unbeschriebene Blatt sorgfältig aufzubewahren. Jeder Mitarbeiter erhielt einen kleinen verschließbaren Handkoffer ausgehändigt. Zu den Arbeitspausen und zu Arbeitsschluß mußten alle Papiere in den Koffer verschlossen werden. Zusätzlich wurde er mit einer Kordel verschnürt, den letzten Knoten knetete man in Plastilina ein, drückte die Nummer eines Petschafts hinein. Den Koffer gab man zum Aufbewahren in einem Büro der ersten Abteilung gegen eine metallische Quittungsmarke ab.

Von einer ganz anderen Geheimdienstorganisation, die auf der Insel gewirkt hatte, hörte ich erst nach der Rückkehr in die Heimat. Diese Organisation ließ durch deutsche Angehörige des deutschen Kollektivs laufend ausspionieren. Die Mitarbeit jedes Zuträgers war nach der gleichen Methode erpreßt worden. Bedingung mußte eine frühere Mitgliedschaft bei der Nazipartei gewesen sein. Diesen Menschen wurde deutlich gemacht, sie seien zur Wiedergutmachung verpflichtet. Als Wiedergutmachungsleistung fordere man, daß in geheimer Art und Weise Informationen über die Deutschen geliefert würden. Der Chef der Organisation, man hatte ihn den »schwarzen« Mann genannt, bestellte seine Kundschafter stets einzeln zur nächtlichen Stunde zum Befehlsempfang in den finsteren Wald. Keiner der Zuträger sollte vom anderen wissen, strengstes Stillschweigen gegenüber jedermann wurde gefordert. Später, in Deutschland, erzählte mir ein früherer Mitbewohner von Gorodomlia, der zu diesem Kreise gehört hatte, daß er durch Zufall von der Mitgliedschaft eines anderen Kollegen erfuhr, als dieser in einer fröhlichen Gesellschaft im Hause des Herrn Gröttrup eine politische Frage aufwarf, die auch er selbst hatte, vom schwarzen Mann genötigt, vorbringen sollen.

Der heutige Normalbürger legt gern einen weit distanzierenden Abstand zwischen sich und jede Art von Geheimdienst. Er betrachtet ihn allenfalls mit Respekt, meistens aber mit großem Unbehagen. Doch hat der Begriffsinhalt eine Wandlung erfahren. Das Wort »geheim« leitet sich her von Heim, also dem inneren häuslichen Kreis. In den bis 1918 existierenden deutschen Monarchien hatte es einen Geheimen Rat unter Vorsitz des Fürsten gegeben. Der Fürst verlieh auch als Auszeichnung den Titel Geheimrat. Verdiente Professoren schätzten die Anrede »Herr Geheimrat« außerordentlich. Ich selbst hatte noch als Student an der Technischen Hochschule von Hannover erlebt, daß man bei einem der Geheimrat-Professoren alles verdorben hatte, wenn man ihn versehentlich nur mit »Herrn Professor« anredete.

Hitler nannte seine zur inneren Spionage angesetzte Organisation geheime Staatspolizei. Und während Hitlers zwölfjähriger Regierungszeit erfuhr das deutsche Volk alle von dieser Einrichtung ausgehenden Schrecken. Schnell war das Achtungsgebietende solcher Benennung verschwunden.

Jede Diktatur mit Meinungsmonopol schafft es, systemkritische Äußerungen der Untertanen aus dem öffentlichen Leben zu verbannen. Dennoch wissen die Protagonisten sehr wohl, daß sie mit dem öffentlichen Verstummen nicht auch das kritische Denken abgeschafft haben, sie wissen, daß die Untertanen vertraulich kritische Gespräche im Familien- und Freundeskreis weiterführen. Aber solche Gesprächsinhalte muß der Geheimdienst erkunden. Denn gerade das, was man in einer parlamentarischen Demokratie frei heraussagen kann, daß man aus diesem oder jenem Grund gegen die Regierung ist, das muß unter einer Diktatur erst auf geheime Art und Weise erkundet werden mit dem Ziel, die für den Staat Unzuverlässigen festzustellen, deren Einfluß in der Gesellschaft zu mindern und die berufliche Entwicklung zu hemmen. Und schon der Gedanke, daß es Zuträger gibt, macht die unter einem Diktator lebenden Menschen noch vorsichtiger bei Gesprächen im erweiterten Bekannten- und Kollegenkreis. Dadurch wird einerseits das heimliche Aushorchen erschwert, andererseits ist das eine dem Diktator ganz erwünschte Reaktion. Man hat sogar erlebt, daß versucht wurde, sie bis in die innersten Familienkreise wirken zu lassen. Lange bevor die »Wanzen« genannten, winzigen Mikrophone zum unauffälligen Belauschen erfunden wurden, hatten während der Nazizeit die Träger der Macht ins Volk Gedanken an diese Möglichkeit gestreut. Der Geheimdienst könne, so hörte man, über den Telefonapparat, sogar bei aufliegendem Hörer, Gespräche aus der Umgebung abhören. Die Staatspropaganda brachte es so weit, daß auch friedlich zusammenlebende Familienmitglieder unsicher wurden, ob sie weiter sorglos im engsten Kreise reden dürften, weil ein Kinofilm vorgeführt worden war, in dem ein den Vater denunzierender Junge glorifiziert wurde.

Andererseits haben Menschen, die lange unter Diktaturen lebten, einen ungewöhnlichen Spürsinn entwickelt, ein geistiges Warnsystem ausgebildet, das einsetzte, wenn auch nur der leiseste Verdacht bestand, von einem Gesprächspartner ausgehorcht zu werden. Dann wurde das Gespräch sofort ins Unverfängliche übergeleitet.

Auf Gorodomlia mußte es für einen Geheimdienst ziemlich uninteressant gewesen sein, die politische Einstellung der isolierten Menschengruppe auszuloten. Wichtiger war festzustellen, ob die Arbeitsergebnisse auf irgendeine Weise durch die Sperren nach außen drangen.

Jedes Geheimhalten technisch-militärischer Entwicklungen dient dem Endzweck, einen Rüstungsvorsprung gegenüber einem potentiellen Gegner zu gewinnen. Immer wieder gab es Perioden, in denen sich nachdenkliche Ingenieure vorgenommen hatten, nie wieder bei der Entwicklung von Kriegsmaterial mitzuwirken. Manche hatten sogar erwogen, daß jede Art von Geheimhaltung gesellschaftlich geächtet werden müsse. Damit aber stößt man bald an Grenzen. Denn auch bei der industriellen Produktion von Gebrauchsgütern beansprucht der Entwicklungsbetrieb Geheimhaltung gegenüber Mitbewerbern auf dem Absatzmarkt.

Heimkehr
Oder: Nachdenken über Krieg und Frieden

Die geflügelte Abwehrrakete war tatsächlich unser letzter Entwicklungsbeitrag gewesen. Danach hatten die Sektorleiter der wissenschaftlichen Abteilungen Planvorschläge zur Bearbeitung von Grundlagenthemen vorzulegen, die sogleich gebilligt wurden. Wir Aerodynamiker beschäftigten uns mit Grenzschichtaufgaben und mit Experimenten im Flachwasserkanal zum Ausbreiten von Druckwellen. Dennoch war es kein abruptes Unterbrechen im Bedenken von Strömungsproblemen, die mit der Rakete in Verbindung gestanden hatten. Ich arbeitete in der anschließenden Periode zusammen mit Dr. Schwarz über die Grenzschichtstabilität, dem Umschlagen eines geschichteten Fließens in ein stark verwirbeltes. Mit dem Umschlagen steigt der Widerstand. Wir hatten erwogen und rechnerisch ermittelt, welchen Einfluß Aufheizen und Kühlen einer Wand auf das Umschlagen nimmt. Als dann noch einmal eine wissenschaftliche Kommission erschien, als sich der Vorsitzende, Professor Iljuschin – nicht der bekannte Flugzeugbauer, sondern der Inhaber eines Lehrstuhls für Mechanik – mit den Sektorleitern über Probleme der geflügelten Abwehrrakete unterhielt und ich meine erst später bedachten Probleme des Umschlagens mit dem Raketenflug in Verbindung brachte, da hatte dieser Vorsitzende in seinem Abschlußbericht – auf Veranlassen des Hauptingenieurs wurde er uns in deutscher Übersetzung vorgelesen – geschrieben, es habe sich beim Befragen herausgestellt, daß ich nicht alle meine Kenntnisse in das Projekt hätte einfließen lassen.

Auch in allen anderen Sektoren waren die Raketen-Arbeiten eingestellt worden. Als ich einmal am Reißbrett des Ingenieurs Närr vorbeiging, da zeigte er mir ganz glücklich seine jetzige Aufgabe, nämlich den Ofen für eine Großküche zu konstruieren. Er schlug mit der Hand auf das Zeichenbrett: »Sehn's«, sagte er mit seiner österreichischen Aussprache, »des is an Arbeit, Arbeit, die Spaß macht.« – Ja, die Raketen mit Sprengstoff beladen, das ist Kriegsgerät. Der Ingenieur ist froh, solche Arbeit beendet zu haben.

Aber heute, fünfunddreißig Jahre später, da ich diese Erinnerungen niederschreibe, darf man die Augen nicht verschließen, was durch Raketen auch an naturwissenschaftlichem Einblick und technischen Verbesserungen bei deren friedlichem Einsatz als Transportmittel erreicht worden ist.

Die von Raketen auf eine stationäre Erdumlaufbahn gesetzten Satelliten ermöglichen Fernsehübertragungen von einem zum anderen Kontinent. Und ich könnte solches Informationsübermitteln als eine modifzierte Form der »Postkarte« klassifizieren, von der im Jahre 1946 der Oberst Kutjenikow gesprochen hatte.

Mit derartigen Satelliten lassen sich die Bewegungen aller Wolkensysteme über die Erde laufend registrieren, läßt sich die Temperatur von Land, Meer und Wolken messen. Dadurch ist die kurzfristige Wetterprognose sehr treffsicher geworden. Auch zum Beobachten der Erdoberfläche haben Raketen und deren Satelliten geholfen. Man hat es gelernt, durch selektives Farbausfiltern die Vegetation zu beurteilen und auch die Verbreitung industrieller Schadstoffe in Luft und Wasser zu lokalisieren.

Die Rakete als Transportgerät für wissenschaftliche Instrumente hat das naturkundliche Wissen vom Erdmond und unserem ganzen Planetensystem außerordentlich vermehrt. Man erinnere sich, daß die Mondrückseite, die bis dahin für die Menschen unsichtbar geblieben war, schon bald bei Mondflügen fotografiert und kartografiert werden konnte. Daß Gesteinsproben vom Mond auf die Erde geholt wurden und daß der Major Gagarin als erster mit einer Raumkapsel, die von einer Rakete auf die Erdumlaufbahn getragen worden war, die Erde im kosmischen Flug umkreist hatte. Menschen haben den Mond betreten und sind zur Erde zurückgekehrt. Es wurden Druck, Temperatur sowie die chemische Zusammensetzung der Venus-Atmosphäre gemessen. Man hat erkundende Sonden auf dem Mars landen lassen. Es hat Vorbeiflüge an allen äußeren Planeten gegeben. Die Planeten und deren Monde sind aus der Nähe fotografiert, und die Bilder sind zur Erde zurückgefunkt worden. Schon wird durch Langzeitflüge getestet, ob der Mensch den Beanspruchungen eines Fluges zum Mars und zurück zur Erde gewachsen ist.

Aber nun zurück aus der Gegenwart des Schreibers nach Gorodomlia, zurück in den Winter 1951/52! Dieser Winter war verhältnismäßig mild geblieben mit dem verglichen, was wir schon erlebt hatten, die Temperatur sank kaum tiefer als minus 15 Grad. Im Januar wurde bekanntgegeben, daß man uns in der nächsten Zeit in die Heimat bringen würde. Noch im Januar ging der erste Transport von Inselbewohnern heimwärts. Es waren alte Leute und technische Hilfskräfte, aber auch Frau Schmiedel und Tochter waren dabei. Ende Mai gab die Verwaltung die personelle Zusammenstellung für den zweiten und dritten Rücktransport bekannt, nannte die Namen derer, die im Juni zurückreisen sollten. Dabei sind wir und die meisten Freunde, nicht aber die Conrads. So mischt sich dann die Trauer und Bedrückung in den anfänglichen Jubel. Weiterhin bleiben zurück aus dem Bekanntenkreis die Gröttrups, die Schwarzens, das Ehepaar Magnus. Von den Conrads mit ihren beiden kleinen, auf Gorodomlia geborenen Kindern müssen wir schweren Herzens Abschied nehmen. Einen Reisetermin für die Zurückgebliebenen nannte man nicht. Der vierte Transport traf erst in der Heimat ein, nachdem ein weiteres Jahr vergangen war.

Aber damals, obwohl dies Beenden der Inselisolation so heiß ersehnt worden war, kurz vor dem Abschied, erkannten wir auch klar die positiven Seiten unserer Eremitage. Ilse Frieser schrieb an ihre Verwandten in Dresden: »Niemals werden wir wieder in solch unberührter Natur leben können, niemals eine Schar gleichgesinnter Menschen treffen und in deren Gemeinschaft die Kunst und das Gespräch pflegen. Was wird bleiben? Ich denke, die Freundschaft.«

So also waren es fast sechs Jahre geworden, die wir auf dem kleinen, bewaldeten Eiland im fernen Seligersee verbracht hatten. Bei meiner Frau Gertrud waren es die Jahre von vierundzwanzig bis dreißig, bei mir von zweiunddreißig bis achtunddreißig.

Aber unsere Kinder hatten unbeschwert frohe Jahre beim Spiel im Dörfchen und in den Wäldern verbracht. Später erzählte Herr Reichardt, nachdem die Familie schon einige Zeit in ihrer Berliner Wohnung gelebt hatte, den Ausspruch seiner Tochter, die etwa gleichaltrig mit unserer Katrin ist: »Ich will zurück nach Gorodomlia, ich will meine Freiheit wiederhaben!«

Wir hatten uns bemüht, unseren kleinen Kindern – denn die frühe Jugend nimmt alles Erleben mit besonderem Gewicht und besonderer Deutlichkeit auf – nicht das Besondere unserer Isolation von der Umwelt bewußtzumachen. Sie sollten sich nicht wie Gefangene hinter Stacheldraht fühlen. Wir erzählten ihnen zwar von den Großeltern, die weit weg, in einem anderen Land leben. Die Kinder aber schienen die Großeltern ähnlich wie die Märchenfiguren einzuordnen.

Bei den sonntäglichen Familienspaziergängen, die uns durch die weiten Wälder rings um den Binnensee führten, erfand ich erzählend lange Reisen mit der Eisenbahn ins ferne Land. Auch die Eisenbahn, die der Bub noch nie gesehen hatte, mußte ich detailliert erklären. Einmal fuhren wir bei einem solchen Gedankenausflug auch nach Afrika, zu Gertruds Onkel, der dort als Farmer lebte. Wir fuhren mit einem Schiff, das viel größer sein sollte, als alle Häuser unseres kleinen Dorfes zusammengebaut.

Und wie hatten die Erwachsenen das Problem der Isolation empfunden? Das war sehr unterschiedlich gewesen, von dauernder Unzufriedenheit der einen bis zur Gelassenheit der anderen. Hellmut Frieser erinnert sich: »Ich wunderte mich schon in den ersten Wochen, daß viele der Inselbewohner die Zwangsverschickung ganz anders als ich aufgenommen hatten. Sie empfanden sie als harte Zumutung, was sie auch war. Sie litten schwer, ihrem gewohnten Lebenskreis entrückt zu sein. Vom ersten bis zum letzten Tag war ihr ständiger Gedanke die Heimkehr. Mir aber war von Anfang an klar, die einzige Möglichkeit, die Verschickung unbeschadet zu überstehen, war, sich der neuen Lage anzupassen, das Bestmögliche daraus zu machen. Dabei halfen mir Abenteuerlust und Neugier.«

Ich selbst hatte in der Anfangsphase an vielen Verhandlungen mit der sowjetischen Leitung teilgenommen, bei denen wir sehr heftig um eine Änderung unseres Inselstatus gestritten hatten. Doch kein Quentchen eines Erfolges war uns beschieden. Das war sehr bedrückend. Zwar konnte ich einsehen, daß die sowjetische Regierung unsere Arbeit gegen alle Indiskretionen abschirmen wollte. Aber diese Einsicht glich meine Gemütslage nicht aus. Ich sagte mir anfangs: Die angekündigten fünf Jahre sind kein kleiner Betrag eines Menschlebens. Man sollte die Zeit nicht vertrauern, sondern sie nutzen. Aber zur Haltung des Hellmut

Frieser gelangte ich erst, nachdem mein Vater mir geschrieben hatte: Lies doch einmal nach, was Friedrich Schiller in seinen philosophischen Schriften, und zwar im Aufsatz »Über das Erhabene«, davon denkt. Ich las den Aufsatz. Schiller meint, man kann Zwängen, die nicht zu beseitigen sind, nur widerstehen, indem man sie innerlich nicht anerkennt. Da fand ich mich ab und fügte mich ein.

Eine herbe Enttäuschung bescherte uns allen in den späteren Jahren ein Interview, das der Publizist Eisler, ein Bruder des bekannten Komponisten, den Journalisten der westlichen Welt gegeben hatte. Ich erinnere mich nicht mehr, ob die Kunde davon über die Zeitungen oder über den Rundfunk zu uns drang. Eisler war gefragt worden, welche Anstrengungen die DDR-Regierung mache, um die im Jahre 1946 in die Sowjetunion dienstverpflichteten deutschen Spezialisten heimzuholen. Eisler hatte geantwortet, es gäbe keine deutschen Spezialisten in der Sowjetunion.

Aber dann sitzen wir eines Tages doch im Zuge. Was wir alle immer und immer wieder erträumt hatten, ist nun wirklich geworden! Dieses Mal fährt der Zug in schnellem Tempo durch sommerliche Wälder unter schönstem Himmel. Sohn Peter, jetzt älter, als es sein Schwesterchen bei der Hinfahrt gewesen war, er nimmt all das Ungewohnte interessiert, aber ohne großes Aufregen, wahr. Er benutzt gewohnte Vokabeln, um das Neue zu benennen. Die beiden nebeneinanderliegenden Abteile im D-Zug sind unsere Wohnung. Der Schaffner, der uns den Tee bringt, ist der Verkäufer. Bei der Grenzkontrolle schaut ein polnischer Offizier in das Abteil, in dem der Sohn allein auf der Bank zum Mittagsschlaf liegt, da setzt er sich aufrecht, weist mit der Hand zum Nebenabteil und erklärt mit einem einfachen russischen Satz, daß dort Vater und Mutter seien. – Überhaupt das Russischsprechen! Seit Jahren kannten wir jedes Mitglied der deutschen Inselgemeinschaft, und mit jedem

Unbekannten hatten wir russisch gesprochen. So passiert es nun, daß wir die deutschen Schaffner, die jenseits der Oder zugestiegen waren, versehentlich russisch anredeten. – Während langer Jahre hatten wir es gelernt, jeden erwachsenen Inselbewohner, ohne ihn zu sehen, auch an der Stimme zu erkennen. Später, im Berliner Hotel oder auf den Straßen, wenn hinter uns ganz fremde Menschen deutsch sprachen, sogleich glaubten wir eine bestimmte Gorodomlia-Person zu hören.

Hier also könnten meine Erzählungen enden. Aber mit vielen Gedanken bin ich immer wieder nach Gorodomlia, zu den dortigen Problemen, zur Rakete und deren Anwendungen zurückgekehrt.

Es war in einem der letzten Sommer gewesen. Bei einem Spaziergang über die Insel sagte die junge Sabine – meine Partnerin war sie gewesen bei vielen unserer Theateraufführungen, damals mochte sie achtzehn oder neunzehn Jahre alt sein, plötzlich, nachdem wir uns bis dahin über anderes unterhalten hatten: »Sag mal, du bist in meinen Augen doch ein guter Mensch, weshalb arbeitest du an so schrecklichen Waffen?«

Obwohl wir Mitglieder des Arbeitskollektivs weder in der Familie noch im Freundeskreis über unseren Arbeitsinhalt sprachen, wir durften es nicht, und wir wollten es auch nicht, war es doch unvermeidlich, daß, zwar mit sehr geringer Diffusionsgeschwindigkeit, dennoch die Informationen über den Inhalt unserer Berufsarbeit im Laufe der langen Zeit zu den anderen Inselbewohnern sickerten. Ich weiß nicht mehr, was ich damals der Sabine geantwortet habe. Vielleicht lenkte ich im leichten Plauderton unser Gespräch in eine andere Richtung. Doch diese Frage hat mich tief bewegt, sie bedeutete doch die Konfrontation des jungen, unverfälschten Lebens mit den Kriegs- und Gewaltzwängen, die die Menschheit knechten. Zwar habe ich später, als ich frei wählen durfte, die Rakete sowie jede Art von direkter und indirekter Waffenentwicklung gemieden. Ich wies es sogar zurück, in eine wissenschaftliche Gesellschaft für Raketentechnik einzutreten. Ich lehnte es ab, Dekan einer Flugzeugfakultät an der Universität Rostock zu werden.

Die Rakete, sie kann zwar wie jedes andere Transportmittel zu friedlichen, aber auch zu kriegerischen Zielen eingesetzt werden. Das meinte auch Enno Heidebroek, Inhaber des Lehrstuhls für Maschinenkunde an der Technischen Hochschule in Dresden, den ich im Jahre 1952 kennenlernte. Damals war er genau doppelt so alt wie ich, aber noch voll im Amt, da ein Mangel an Professoren herrschte. Aus seinem langen Leben als Ingenieur hatte er kluge Gedanken gefiltert, aus vielen Erfahrungen tiefen Einblick gewonnen. Auch mit der Rakete hatte er zu tun gehabt, sogar an exponierter Stelle.

Während des Krieges war der Peenemünder Betrieb zu schnell auf eine Belegschaftsstärke von 7000 Beschäftigten gewachsen, deren Zusammenwirken schlecht organisiert war. Heidebroek, ursprünglich nur als ein Berater engagiert, der die Organisation verbessern sollte, erzählte mir, wie er sich durch einen Husarenstreich an die Spitze des ganzen Betriebes gesetzt hatte. Der Gorodomlia-Aktion im Jahre 1946 war er möglicherweise deshalb entgangen, weil er damals Rektor der Technischen Hochschule in Dresden gewesen war. Zu meinem Thema, die Technik entweder zur Produktion friedlichen Bedarfes oder zu Kriegswaffen einzusetzen, sagte er:

»Technisches Entwickeln sollte doch nichts anderes bedeuten, als die Vorräte an Material und an Energie aufs beste zur Erhaltung und Förderung des menschlichen Lebens einzusetzen. Aber viele der in diesem Prozeß entstehenden Arbeitsmittel sind auch als Waffen zu verwenden. Denken Sie nur an einfache Werkzeuge wie Hammer und Axt.

Notwendig sind sie zum friedlichen Schaffen, doch hat schon die frühe Menschheit sie zu Waffen umfunktioniert. Ein modernes Schweißgerät kann zum Bau einer Brücke benutzt, es kann aber auch vom Einbrecher zum Öffnen eines Geldschrankes mißbraucht werden. Und ganz ähnlich geschieht es mit den Errungenschaften der weiter perfektionierten Technik. Was die Rakete betrifft, so wird man damit auch einmal zum Mond vordringen.«

Unser Gespräch wurde siebzehn Jahre vor diesem Ergebnis geführt. – Heidebroek ergänzte: »Es kommt darauf an, in welcher Weise die Technik angewendet wird, ob als Werkzeug, ob als Waffe. Eigentlich ist das technische Mittel neutral. Gutes oder Böses wird erst durch menschliches Anwenden daraus.«

Ich dachte: Wir haben bei diesem Transportmittel Rakete mitgewirkt. Bei friedlichem Gebrauch erledigt sie ähnliche Aufgaben wie die konventionellen technischen Transportmittel, also das Schiff, die Eisenbahn, das Auto, das Flugzeug. Doch sie alle können auch als Kriegsgeräte eingesetzt werden. Und die Großrakete mit Atom-Sprengstoff beladen, sie erreicht jeden Zielpunkt auf der Erdoberfläche, sie stellt für die Menschheit eine außerordentliche Bedrohung dar. Diese besonders gefährlichen nuklearen Sprengstoffe, die zu Ende des Zweiten Weltkrieges zur Verfügung standen, sie verfügen in der Gegenwart über eine ganz ungeheuerliche Zerstörfähigkeit. Schon eine einzige Wasserstoffbombe würde nicht nur das Ziel, eine Millionenstadt oder einen ausgedehnten Industriedistrikt, vollständig vernichten, sondern in schrecklichster Weise das ganze Land mitleiden lassen. Und von diesen Bomben haben die Großmächte Tausende gespeichert. Nur ein Bruchteil von ihnen verschossen, würde genügen, unsere Biosphäre so vollständig und irreversibel zu schädigen, daß fortan höheres Leben nicht mehr möglich wäre. Im Feuer der Nuklearwaffen würden nicht nur Beton und Steine der Häuser schmelzen, der Asphalt aller Straßen würde brennen, alle Wälder, jede Vegetation vernichtet. Eine lange lastende, unerhört ausgedehnte Rauch- und Aschewolke würde den Planeten umspannen, die Sonne vollständig von der Erdoberfläche abschirmen, die Temperatur überall unter den Gefrierpunkt drücken. Endlich müßte alles Wasser zu Eis frieren, ein ewiger Winter begänne, nie wieder würde es Pflanzenwachstum und Ernte geben.

Wenn uns die Speicher von Kernwaffen beim Nachdenken über deren Wirkung heute als Arsenale des schrecklichsten Verderbens erscheinen müssen, dann bedeuten sie aber für Politiker und Militärs nichts anderes als das Fortsetzen einer Routine, die seit Jahrhunderten mit weniger zerstörerischen Waffen geübt worden ist. Immer hatten Politiker und Militärs das Speichern von Waffen damit begründet, daß man jedem Gegner, der auch Waffen speichere, gewachsen sein müsse. Aber früher war die Gesamtenergie des Zerstörpotentials klein gewesen gegenüber dem heute Möglichen. Und was ist heute möglich? Man kann das aus folgendem Vergleich ermessen: Die erste im Jahre 1954 auf den Bikini-Inseln bei einem Test gezündete Wasserstoffbombe setzte in Bruchteilen von Sekunden eine Energie frei, die größer ist als die Summe aller Energie der in sämtlichen vorangegangenen Kriegen verschossenen Sprengstoffe. Wie nun muß man die Handlung bewerten, solche Bomben zu Tausenden herzustellen? Wie werden Menschen kommender Zeiten – vorausgesetzt, die Menschheit überlebt die heutige kritische Phase – dieses Waffenspeichern beurteilen? Günstigstenfalls als gedankenloses Fortsetzen des traditionellen Anhäufens von Waffen.

Ich sprach von den Alternativ-Möglichkeiten, technisches Gerät als ziviles Gebrauchsgut oder als Waffe einzusetzen. Doch nicht in jedem Falle läßt sich die Entwicklungsarbeit des Technikers als neutral deklarieren. Wer als Ingenieur an der Konstruktion einer Kanone, eines Torpedos, eines Maschinengewehrs arbeitet, dessen Tätigkeit zielt eindeutig auf die Möglichkeit kriegerischen Einsatzes der Technik. Einer meiner Bekannten hatte vor dem Zweiten Weltkrieg als Leiter einer kleinen Maschinenfabrik, die Möbelschlösser und Möbelbeschläge produzierte, den Auftrag übernommen, und zwar tat er das, um das Weiterbestehen der Firma zu sichern, ein neues Maschinengewehr zu konstruieren. Es wurde eine sehr leistungsfähige Waffe, die von der Armee übernommen und in Großserien produziert wurde. Er selbst ist ein sanfter, bescheidener, freundlicher und stets hilfsbereiter Mensch. Nach dem Kriege entwickelte er mit großem Erfolg landwirtschaftliche Maschinen.

Und auch in diesem Falle bleibt die Frage der Sabine unbeantwortet: Weshalb arbeiten auch sanfte und friedliebende Menschen daran, schreckliche Waffen zu perfektionieren?

Manches Mal haben besorgte Zeitgenossen nach den Triebkräften des Rüstungswettlaufes gesucht. Ingenieure und Physiker sind in den Verdacht geraten, durch neues Erfinden das Wettlaufen anzutreiben. Als nach dem Ersten Weltkrieg die Prager Technische Hochschule dem Staatspräsidenten Benesch die Ehrendoktorwürde verlieh, da beschwor dieser in seiner Dankesrede die Techniker, nicht immer neue Waffen zu erfinden, die den Staatsmännern immer neue Schwierigkeiten machten. Die Techniker waren ob dieser Worte empört, denn nach deren Urteil waren es doch gerade die Politiker, die durch Staatsaufträge die Rüstungsindustrie antrieben. Ein Teufelskreis!

Im Bestreben, diesen Kreis zu sprengen, hatten christliche Kirchen erwogen, ob man Ingenieure und Naturwissenschaftler nach Beendigung des Studiums eine Art hippokratischen Eid schwören lassen sollte. Ähnlich dem Eid der

Mediziner, die bekräftigten, ihre Kenntnisse nur zum Wohle des Menschen einzusetzen, so sollten sich Ingenieure und Naturwissenschaftler verpflichten, ihr Fachwissen nicht an Waffen zu wenden.

Wer aber die Stellung dieser Berufsgruppen in der Gesellschaft und im technischen Betrieb kennt, der weiß, daß sie über keine von der Staatsmacht und der Industriemacht unabhängige Organisation verfügen, der muß einsehen, daß an dieser Stelle ein Hebel, der das Signal auf »Halt« für Waffen-Entwicklung schalten soll, nicht realisierbar ist. Die Stellung von schöpferischen Ingenieuren und Naturwissenschaftlern im technischen Betrieb ist in der Regel nicht stärker als die von Unteroffizieren in der Armee. Keiner von denen kann durch ein Veto den Einsatz der Armee oder die Waffenentwicklung blockieren. Jede größere technische Gesamtaufgabe wird in Teilprobleme gespalten und einer Anzahl Arbeitsgruppen zugewiesen, die sie wiederum in kleinere Spezialthemen für Einzelbearbeiter zerlegen.

Und jeder Einzelbearbeiter findet alle Befriedigung darin, sein Thema zu meistern. Bei der Raketenentwicklung wälzt der Entwurfsingenieur alle Möglichkeiten in seinen Gedanken, die Flugweite zu vergrößern, der Aerodynamiker sorgt sich, daß die Außenhaut des Flugkörpers zu stark aufgeheizt wird, der Steuerungsspezialist sucht nach der Lösung einer Differentialgleichung mit variablen Koeffizienten, der Konstrukteur des Triebwerkes ist glücklich über seine Idee, im engsten Querschnitt der Düse, die die Feuergase ausstößt, dort, wo die Wärmebeanspruchung durch die unerhörte Glut der dicht gepreßten Verbrennungsgase am größten ist, zu kühlen mit zusätzlich eingespritztem Treibstoff, der nicht die Temperatur erhöht, sondern erniedrigt, weil er dem heißen Gas Wärme zu seiner eigenen Verdampfung entzieht. Viele der Ingenieure bemühen sich, aus ihrer Speziallösung einen Beitrag zum physikalischen Grundlagenwissen herzuleiten. Auch in der Gegenwart sind technisch-wissenschaftliche Kongresse auf die Darlegung derartiger Teilprobleme in Vorträgen ausgerichtet.

Schließlich läßt sich auch durch nationalistische Ressentiments weder der Armeedienst noch das Waffenentwikkeln rechtfertigen. Es gibt in der Geschichte zu viele Beispiele, bei denen aus Gründen der Zweckmäßigkeit, die der einzelne einsah oder die die Regierenden fanden, alle nationalen Bindungen gelöst wurden. Die Landsknechte des Mittelalters hatten eine gewisse freie Wahl des Arbeitsplatzes, sie konnten in dieser oder jener Armee Dienst tun und von sich sagen: Wes Brot ich eß, des Lied ich sing. Gegen wertvolles Kunstgut verkauften Fürsten ganze Regimenter ihrer Landeskinder an fremde Staaten. Gekrönte Häupter beriefen Mitglieder anderer Nationen zu hohen Generalen. Friedrich der II. hatte einen schottischen Marschall, der österreichische Kaiser ließ erfolgreich seine Schlachten vom französischen Marschall Prinz Eugen schlagen. Im Jahre 1812 kämpften hohe deutsche Offiziere in der russischen Armee, und beim Gegner, dem französischen Kaiser Napoleon, tat ein ganzes deutsches Korps Dienst.

Zur Raketenentwicklung wurden Deutsche sowohl von der sowjetischen als auch von der US-amerikanischen Seite dienstverpflichtet.

Das Typische solcher Handlungen hat der Schriftsteller Rolf Hochhut beschrieben. In seinem 1962 abgeschlossenen Drama »Der Stellvertreter« läßt er u. a. den Papst Pius XII., deutsche Industrielle und SS-Offiziere auftreten. Für die schauspielerische Besetzung der päpstlichen Garden und der SS-Soldaten schreibt er die Empfehlung, daß diese von den gleichen Darstellern verkörpert werden könnten:

Denn im Zeitalter der allgemeinen Wehrpflicht sei es nicht unbedingt Verdienst oder Schuld oder auch nur eine

Frage des Charakters, ob einer in dieser oder jener Uniform stecke.

Manche Menschen haben vorgeschlagen, dem Dienst in einer Armee oder im Rüstungsbetrieb auszuweichen. Aber das geht nicht. Mit dem Gesetz der allgemeinen Wehrpflicht erzwingen die Staaten den Waffendienst. Und dem Industriebetrieb wird es möglich sein, aus neuem naturwissenschaftlichem Erkennen, aus neuen Maschinen, aus neuen Verfahren sowohl Gebrauchsgut, also Waren des zivilen Bedarfes, als auch das Militärmittel, die Waffe, abzuleiten. Bisweilen ist es schwer, zwischen den antagonistischen Anwendungsmöglichkeiten eine Grenze zu ziehen. Zum Beispiel scheint das Weiterentwickeln elektronischer Rechenautomaten eine ganz neutrale Aufgabe zu sein. Aber jedes grundlegende Verbessern dient gleichermaßen dem zivilen als auch dem mililtärischen Anwenden.

Was also bleibt zu tun? Ich denke, man muß es lernen, sich aus dem auf nahe Ziele ausgerichteten pragmatischen Denken und Handeln, das unsere Gegenwart beherrscht, zu lösen. Man muß die Stimme derer hören, die unseren Blick auf weiterentfernte Zielgebiete der Menschheitsentwicklung richten wollen. Man muß manche der prophetischen Gedanken von großen Humanisten, wie Albert Schweitzer, und von großen Wissenschaftlern, wie Albert Einstein, aufgreifen. Man muß einsehen, daß das alternative Benutzen der Technik als Gebrauchsgut oder als Waffe nicht durch charakterliche Eigenschaften von Technikern und Naturwissenschaftlern, sondern durch das moralische Niveau der ganzen Gesellschaft entschieden wird. Wir müssen auch einsehen, daß sich seit der Renaissance die Wissenschaft unproportioniert entwickelt hat. Es war Galilei gewesen, der durch sein geniales Prinzip, nur die meßbaren Phänomene unserer Welt zu bearbeiten und die unmeßbaren zur Seite zu rücken, den außerordentlichen Fortschritt von Naturwissen und Technik in den folgenden Jahrhunderten verursachte. Doch hatte er durch seine Weichenstellung den ganzen Entwicklungszug der menschlichen Zivilisation auf die Gleise von Naturwissen und Technik geschoben. Und seither sind alle unmeßbaren Phänomene, zu denen auch die Moral gehört, nicht adäquat weiterentwickelt worden. Und die menschliche Intelligenz, die sich bis zur Renaissance-Zeit vorwiegend mit geisteswissenschaftlichen Problemstellungen beschäftigt hatte, sie wanderte ab zur Technik und zum Naturwissen.

Wenn man über Krieg und Frieden nachdenkt, wenn man das geschichtliche Verändern ins Auge faßt, dann wird man einsehen, daß bis dahin übliche Kriege stets dann sehr wirksam unterbunden wurden, wenn die einst Kriegführenden in einen größeren Verwaltungsverband als gleichberechtigte Partner übergegangen waren. Das geschah, als die sich früher bekämpfenden Städte des Altertums in Länder vereinigt worden waren. Dann aber kämpften Länder gegen Länder. Die Waliser gegen die Engländer, diese gegen die Schotten. Oder die Sachsen gegen die Preußen, die Preußen gegen die Bayern. So lange, bis auch diese Länder in die nächstgrößere Verwaltungseinheit, die Nation, übergingen. Dann gab es zwar keine Kriege mehr zwischen den Ländern, wohl aber solche zwischen den Nationen. Heute haben sich die Industrie-Nationen zu zwei Bündnissystemen gesammelt. Jede größere Verwaltungseinheit verfügte über ein größeres Kriegspotential, mit der Größe des Potentials wächst auch die Größe des Zerstörens, wächst der Kriegsschaden. Die Kriegsgefahr zwischen den beiden heutigen, sehr mächtigen Bündnissystemen ist nicht gebannt, vielleicht gelingt es, die Bündnissysteme ohne Krieg in die nächsthöhere Verwaltungseinheit überzuführen, also eine Weltregierung einzurichten.

Schon im Jahre 1947 hatte Albert Einstein den Vorschlag,

eine Weltregierung zu etablieren und eine Kontrollinstanz für die Kernenergie zu schaffen, unterstützt. Er meinte, ebenso wie moderne Staaten keine Anarchie auf wirtschaftlichem Gebiet, kein ungehemmtes Wirken der Wirtschaft zulassen, sondern diese einschränkenden Regeln unterwerfen, so müsse auch im Bereich der internationalen Politik die ungehemmte Souveränität der Staaten eingeschränkt werden. Erst dann würde es möglich werden, dem Moralgesetz, das innerstaatlich schon anerkannt werde und durch ein ethisches System gestützt wird, auch im Verkehr zwischen den Staaten Gültigkeit zu verschaffen und Gewaltandrohung und Gewaltanwenden zu eliminieren. Einstein warnt: Wenn sich die Menschheit strikt an die Konzeption uneingeschränkter staatlicher Souveränität hält, so kann sich jeder Staat das Recht vorbehalten, seine Ziele mit militärischen Mitteln durchzusetzen. Unter diesen Umständen muß jede Nation auf eine solche Möglichkeit vorbereitet sein, sie muß sich mit allen Kräften anstrengen, jedem anderen überlegen zu sein. Dieses Streben wird unser ganzes Leben beherrschen, unsere Jugend vergiften, noch lange bevor die Katastrophe über uns hereinbricht.

Obwohl diese Probleme heute noch nicht auf der Dringlichkeitsliste amtierender Staatsmänner stehen, tendieren manche Maßnahmen der Staaten schon in solche Richtung. Man denke an das Abstimmen des internationalen Verkehrs, des Rundfunks, polizeilicher Fahndungen, ökologischer Aufgaben. Gerade die Ökologie hat heute besondere Bedeutung erlangt, denn läuft das unkontrollierte Umweltverschmutzen weiter, dann würden Teile unserer Biosphäre irreparabel zerstört.

Nachteilig für die gesamte menschliche Entwicklung wird es sein, daß die heutige Intelligenz in so viele Fachrichtungen aufgespalten ist, die den Blick auf das Ganze verwehren. Es fehlen synthetische Zusammenfassungen von der Art, wie sie Alexis Carrel in der Medizin in den dreißiger Jahren geschaffen hatte. Die Menschen müssen es lernen, nicht nur die Trennlinien zwischen den verschiedenen Sparten der Naturwissenschaft durch Herausarbeiten von Gemeinsamkeiten zu überschreiten, sondern sie müssen auch Kontakte zu den geisteswissenschaftlichen Gebieten und zur Kunst herstellen.

Die Erhaltung und die Höherentwicklung der Menschheit wird nur durch abgestimmtes Zusammenwirken aller Kräfte des Geistes gelingen können.

Wenn der Dramatiker Strindberg in einem seiner Traumspiele die Tochter des Gottes Indra dem Vater ihre Erfahrungen mit der Menschheit aussprechen läßt:

»Die Erde ist nicht rein, das Leben ist nicht gut, die Menschen sind nicht böse und auch nicht gut. Sie leben, wie sie können, von Tag zu Tag. Im Staub wandern sie, Kinder des Staubes, aus Staub geboren, werden sie wieder zu Staub. Füße haben sie, Flügel nicht. Im Staub bleiben sie. Ist es ihre Schuld oder deine?«

Dann müssen wir sagen, daß die Aufgabe, die die Tochter anklagend dem Gotte zuschiebt, von uns Menschen selbst geleistet werden muß. Es wird nicht Indras Schuld, sondern Schuld der Menschen sein, wenn sie es nicht erreichen, die lebensbedrohenden Zwänge der Waffenentwicklung zu eliminieren.

»Konflikte hat es immer gegeben«

Werner Albring über Abrüstung, technischen Fortschritt, über seine Entscheidung, in der DDR zu bleiben, und über die Stasi

VINKE Herr Albring, wenn Sie zurückblicken, welchen Stellenwert haben diese sechs Jahre in der Sowjetunion für Sie?

ALBRING Wir waren sechs Jahre lang »prisoners of peace«, wie ich schon anfangs sagte. Diese Zeit ermöglichte zugleich eine intensive Begegnung mit interessanten Menschen. In unserer kleinen Gemeinschaft auf der Insel Gorodomlia wurde die Kunst wichtig. Unter normalen Bedingungen ist es einfach, eine Theateraufführung oder ein Konzert zu besuchen. Wir haben aus unseren eigenen Reihen ein Kammerorchester zusammengestellt. Wir hatten zwei miteinander konkurrierende Theatergruppen. Das Inseldasein hatte somit auch seine positiven Seiten. Es hat uns geprägt, und es entstanden Freundschaften, die ein Leben lang hielten.

VINKE Das Gefühl einer verlorenen Zeit hat sich nicht eingestellt?

ALBRING Nein. Diese Jahre führten uns auf ein sehr einfaches Leben zurück. Wir mußten nur darauf achten, daß keine Psychosen entstanden, daß die »Stacheldrahtkrankheit« uns nicht erfaßte. Deswegen das Bemühen um ein aktives Kulturleben.

VINKE Herr Albring, zu Ihrer eigentlichen beruflichen Tätigkeit: Sie haben viele Jahre an der Entwicklung von Kriegsgerät mitgearbeitet. Beschäftigt Sie das heute noch, daß Sie zum Beispiel mitgeholfen haben, Raketen zu bauen, die im Fall eines Atomkrieges mit Sicherheit eingesetzt worden wären?

ALBRING Über diese Frage habe ich viel nachgedacht. Sie hat mich nie wieder losgelassen. Ich bin 1914 geboren. 1938 habe ich mein Studium abgeschlossen und wurde Assistent in einem strömungstechnischen Institut. 1939 kam dann der Krieg, und unser Institut mußte Aufgaben der Waffenentwicklung übernehmen.

Im Krieg ist es schwierig, wenn nicht gar unmöglich, sich von Arbeiten fernzuhalten, die mit Waffen zu tun haben. Im Grunde sind alle in kriegführenden Staaten zugelassenen Tätigkeiten kriegswichtig. Das Fürchterliche der modernen Gesellschaften liegt darin, daß auch in Friedenszeiten die Entwicklung von Waffen mit aller Macht forciert wird. Das geschieht unter Zwang – das war bei uns der Fall; das geschieht auch durch Zahlung attraktiver Gehälter. An dieser Stelle müßte man den Hebel ansetzen und fragen: Wie kann man die aus der Rüstung erwachsende Bedrohung der Menschheit aus der Welt schaffen? Denn die Macht der Zerstörungsmittel ist immer größer geworden. Ihre Dimension wird klar, wenn man weiß, daß bei der Zündung einer Atom- oder Wasserstoffbombe ein größeres Zerstörungspotential freigesetzt wird als in allen vorausgegangenen Kriegen der Menschheitsgeschichte. Unsere ganze Biosphäre kann durch einen kriegerischen Akt verwüstet werden. Auf diese Hauptbedrohung gilt es hinzuweisen, und nicht sosehr auf den einzelnen Wissenschaftler, indem man ihm vorhält: »Wie konntest du da nur mitarbeiten!« Der Wissenschaftler oder Ingenieur kann immer antworten: »Ich bin nicht ein solches Unikat auf diesem Gebiet. Vielmehr bin ich durch jeden anderen Ingenieur, der meine Ausbildung durchlaufen hat, ersetzbar. Wenn ich diese Arbeit nicht gemacht hätte, hätte sie ein anderer womöglich noch besser gemacht.«

VINKE Ich bin nicht so sicher, daß Werner Albring ohne weiteres ersetzbar gewesen wäre. Hat die Überlegung, die Ergebnisse Ihrer Forschungsarbeiten würden eines Tages militärisch verwendet, zu inneren Konflikten geführt?

ALBRING Jede Erkenntnis, die wir im Bereich der Strömungsmechanik, der Ingenieur- und Grundlagenforschung gewonnen haben, kann sowohl für friedliche Zwecke als auch für die Herstellung von Waffen verwendet werden. Das war in der Geschichte der Menschheit bislang immer so. Ursprünglich waren die Waffen viel einfacher. Ein Messer kann zum Schnitzen eines Kunstwerks, aber auch für einen Mord verwendet werden.

VINKE Meine Frage zielt darauf, ob der Wissenschaftler, der an einem bestimmten Projekt arbeitet, nicht auch Mitverantwortung für das Ergebnis bzw. die Anwendung übernimmt?

ALBRING Diese Fragestellung bleibt vielleicht immer unbeantwortet. Friedrich Dürrenmatt hat das Problem in seinem Drama »Die Physiker« durchdacht. Ein Wissenschaftler hat eine Entwicklung zu Ende gedacht und ist zu der Erkenntnis gelangt, daß sein Forschungsergebnis der Menschheit gefährlich werden kann. Er flüchtet vor der Welt und zieht sich in eine psychiatrische Anstalt zurück. Seine Erkenntis bleibt jedoch nicht geheim, sondern dringt an die Öffentlichkeit und wird benutzt. Die Lehre dieses Stückes heißt: Was einmal gedacht worden ist, kann nie wieder zurückgenommen werden. Ferner: Was einmal entwickelt worden ist, kann nie widerrufen werden.

Der englische Schriftsteller Samuel Butler beschreibt in seinem utopischen Roman »Ergindwon oder Jenseits der Berge« eine Gruppe von Menschen, die versucht, die moderne Technik zu beseitigen. Butler schildert, welch seltsame Konsequenzen sich daraus ergeben. Zum Beispiel: Uhren werden verboten. Wer sich Notizen macht, wird zum Staatsverbrecher. Fazit dieser utopischen Geschichte: Die technische Entwicklung ist nicht zu bremsen. Das heißt, es werden aufgrund technisch-physikalischer Gesetzmäßigkeiten auch so lange Waffen gebaut, wie die öffentliche Moral dies toleriert. Erst wenn die allgemeine moralische Einstellung sich ändert, ändert sich auch an der Waffenproduktion etwas.

VINKE Ich will versuchen gegenzuhalten gegen diese These, von der bislang ja auch der allgemeine Fortschrittsglaube profitierte. In bestimmten Bereichen der Industriegesellschaft gibt es Ausstiegsszenarien, etwa in der Kernenergie oder bei der Herstellung von Treibgasen, die die Ozonschicht zerstören. Im militärischen Bereich wurden Abrüstungsvorhaben verwirklicht, die vor zehn Jahren noch undenkbar waren. Mittelstreckenraketen wie die sowjetische SS 20 und die amerikanische Pershing wurden verschrottet. Der technische Fortschritt bekommt uns offenbar nicht mehr. Der Fortschrittsglaube entpuppt sich demnächst vielleicht als ein auslaufendes Menschheitsmodell.

ALBRING Daß jetzt Waffen vernichtet werden, daß einige Raketentypen als Träger von Atom- und Wasserstoffbomben verschrottet werden, das empfinde ich als ermutigend. Ich hoffe, daß damit nicht nur die Konfrontation zwischen den USA und der Sowjetunion aufgehört hat, sondern das Wettrüsten weltweit.

VINKE Ich erwähnte die Abrüstung nur als ein Beispiel in einem größeren Ausstiegsszenario, das auf ein Ende des Industriezeitalters hinweist und Einsichten über die Gefährdung der Erde erkennen läßt.

ALBRING Die Frage lautet: Ist die Menschheit existentiell darauf angewiesen, daß die technische Entwicklung immer weitergedreht wird? Auf der Insel Gorodomlia hatten wir viel Zeit, uns mit diesem Problem zu beschäftigen. Manchmal wurden dabei radikale Standpunkte geäußert. Zum Beispiel hatte ich damals die These vertreten – ich erzählte das als Kuriosum, denn ich stehe heute nicht mehr dazu –, daß alle Technischen Hochschulen abgeschafft werden müßten, denn sie seien für den Fortschritt der Waffentechnik letztlich verantwortlich. Um den Stand der Entwicklung zu halten, würden Ingenieurschulen ohne Forschungseinrichtungen ausreichen; so dachte ich damals. Heute bin ich der Meinung, daß es nicht die Technik ist, auch nicht der Übermut der Physiker, der den Waffenproduzenten immer neue Instrumente in die Hand gibt. Nein, ich bleibe dabei, es ist eine Frage der moralischen Erziehung und auch der Gewichtung von Natur- und Geisteswissenschaften. Vielleicht urteilen spätere Generationen einmal so über uns: Sie hatten eine hochentwickelte Technik, eine exzellente Naturwissenschaft, aber eine verkümmerte Moral.

VINKE Herr Albring, Sie haben in Ihrem Leben das Scheitern von zwei Systemen erfahren, einmal als junger Mensch den Zusammenbruch des Nationalsozialismus und jetzt das Ende des SED-Regimes, der Regierung der DDR, in der Sie gelebt haben. Was bedeuten diese beiden großen Einschnitte für Sie?

ALBRING Ich habe sogar noch einen dritten wichtigen Einschnitt erlebt, das Ende der Weimarer Republik 1933, der ersten deutschen parlamentarischen Demokratie, für die wir als junge Leute leidenschaftlich gekämpft hatten. Wir waren entsetzt über das, was durch Hitler über Deutschland hereinbrach.

VINKE Waren Sie damals politisch aktiv?

ALBRING Mit meinem Herzen, sicher. Ich gehörte aber keiner Partei an, auch in der DDR bin ich nie Mitglied einer Partei gewesen. Zu den Brüchen und Einschnitten 1933, 1945 und 1989: Es war mein Schicksal, seit 1933 unter Diktaturen zu leben. Erst die Nazi-Diktatur, danach ging es in die Sowjetunion, dann Rückkehr in die DDR. Bei den Menschen, die so lange unter einer Diktatur leben, entsteht zur Politik etwa folgende Einstellung: Politik ist für den einzelnen so unbeeinflußbar wie das Wetter. Natürlich könnte ich als Strömungstechniker darüber nachdenken, ob das Wetter nicht doch beeinflußbar ist.

Es gab aber noch einen Einschnitt, den ich fast übersehen hätte: 1939, als der Krieg ausbrach. Ich nehme an, etwa 80 oder 90 Prozent der Menschen in den später kriegführenden Ländern wollten keinen Krieg, hätten immer dagegen gestimmt, wenn sie gefragt worden wären. Der einzelne wird aber immer wieder von Ereignissen überrollt. Und an bestimmten Stellen greift die Demokratie nicht, die ich trotz aller Unzulänglichkeiten für die beste Staatsform halte. Zum Beispiel über die Frage, ob ein Krieg geführt werden soll, wird nicht abgestimmt. Vielmehr schaffen Regierungen die Fakten, die dann weder von einem Parlament noch von einer Bevölkerung rückgäng gemacht werden können.

VINKE Manches von dem, was Sie sagen, klingt fatalistisch. Sind Sie Fatalist geworden?

ALBRING Nein, ich halte mich eher für einen Optimisten. Nehmen Sie den Umbruch 1989 in der DDR, eine friedliche Revolution ohne Blutvergießen. Noch wenige Wochen vorher hatten wir den Aufmarsch des Gewaltpotentials gesehen, die Panzer, die an den Tribünen in Berlin vorbeirollten. Die Bevölkerung ließ sich davon jedoch nicht mehr einschüchtern, sie besiegte vielmehr die Mächtigen und erstürmte sogar die Bastille, den Apparat der Staatssicherheit. Das war vor 200 Jahren bei der Französischen Revolution nicht unblutig verlaufen, aber dieses Mal. Am friedlichen Verlauf haben die Kirchen, vor allem die protestantische, ein großes Verdienst.

VINKE Sie selbst sind nicht Mitglied einer Kirche?

ALBRING Nein, ich bin christlich erzogen worden und habe mich nach dem Zweiten Weltkrieg von der Kirche getrennt. Im Laufe der Jahre bin ich kirchlichen Kreisen aber wieder nahegekommen, so daß die Evangelische Forschungsakademie mich 1984 zu ihrem Mitglied berufen hat. In diesem Kreis habe ich eine Reihe von Menschen kennengelernt, die in mir den Glauben an die Kraft der Moral wiederbelebt haben.

VINKE Sie wurden in Schwelm/Westfalen geboren. Westfalen gelten als bodenständig. Vielleicht haben Sie ein Stück Bodenhaftung mitbekommen, das Ihnen half, diese tiefen Einschnitte und Brüche zu überstehen?

ALBRING Man sagt den Westfalen nach, sie seien dickköpfig und eigenwillig. Das gilt in gewisser Weise auch für mich – in dem Sinn, daß ich kritisch bin in Wissenschaft und Politik.

VINKE Es gibt eine Zeit in Ihrem Leben, nach der ich gern noch etwas genauer fragen würde, und zwar nach Ihrer Rückkehr aus der Sowjetunion. Haben Sie die DDR als eine Art Fortsetzung des Inseldaseins auf Gorodomlia empfunden?

ALBRING Nein, nein, so eingeschränkt war das Leben in der DDR wirklich nicht. Die DDR ist trotz aller Mängel und Schwächen ein Staat gewesen, in dem die Kunst gefördert wurde, in dem die Wissenschaft gefördert wurde, ein Staat mit einem relativ hohen Lebensniveau. Nein, so bedrückt und eingesperrt wie auf Gorodomlia habe ich mich in der DDR nicht gefühlt.

VINKE Dennoch die Frage: Wie konnte jemand mit Ihren Erfahrungen in dieser DDR leben? Wie kann man sich erklären, daß diese Existenz einigermaßen konfliktfrei gelaufen ist?

ALBRING Warum ich in der DDR geblieben bin? Das hat mehrere Gründe. Auf Gorodomlia hatte ich Professor Pauer und Professor Frieser kennengelernt, zwei Menschen, die meine Vorbilder waren und meine Freunde wurden. Beide stammten von der Technischen Hochschule Dresden, wohin sie nach dem Aufenthalt in der Sowjetunion zurückkehrten. »Kommen Sie nach Dresden«, sagten sie zu mir. Andere Dresdner Hochschullehrer argumentierten ähnlich: »Jeder Wissenschaftler trägt jetzt Verantwortung. Das Gebiet um Dresden darf nicht zu einer geistigen Wüste werden. Wir haben die Verpflichtung, an unserer Hochschule für eine gute Ausbildung junger Menschen zu sorgen.«

Außerdem habe ich damals, 1952, noch geglaubt, in diesem Staat normal leben und arbeiten zu können, in dieser DDR, die die Prinzipien der sozialen Gerechtigkeit und der Hilfe für die sozial Schwachen auf ihre Fahnen geschrieben hatte.

VINKE Wie lange haben Sie daran geglaubt?

ALBRING Albert Schweitzer hat einmal gesagt, die Intelligenz lebe immer in einem Spannungszustand mit der Regierung, denn sie sei ein Korrektiv. Konflikte hat es in der DDR immer gegeben, auf jedem Gebiet. Bis 1961 herrschte noch relative Freizügigkeit mit der Möglichkeit zu reisen. Später kamen die Einschränkungen.

Konflikte gab es auch in bezug auf die geistigen Ansprüche. Nach 1968 war es nicht mehr möglich, an bestimmte Bücher heranzukommen. Noch eins; weil in den Ministerien kaum Fachleute saßen, blieb die industrielle Nutzung bestimmter Entwicklungen und Forschungsergebnisse praktisch aus. Ferner wurde die Ökonomie als Fachrichtung total überschätzt. Zeitweise wurden sogar technische Fachrichtungen und Arbeitsgruppen von Ökonomen geleitet. So etwas kann zum Todesstoß für die technische Entwicklung werden.

VINKE Hat die Staatssicherheit in Ihren Bereich hineingewirkt? In welchem Maße war dieser Ausforschungsapparat präsent?

ALBRING Ich habe gar keine Erfahrungen mit der Staatssicherheit gemacht. Ich hörte manchmal von Kollegen, daß sie angesprochen wurden und Auskunft über diesen oder jenen geben sollten. Mir ist das erspart geblieben.

Ob ich selbst observiert wurde, weiß ich nicht. Ich glaube es aber nicht. Ich habe mir immer gesagt: Ich bin zu unbedeutend, als daß man auf mich einen Spion ansetzen muß. Wenn jemand meine Meinung hören will, braucht er niemanden auf mich anzusetzen, sondern er soll mich direkt fragen. Das war meine Einstellung. Also eigene Stasierfahrungen habe ich nicht.

VINKE Aber als Apparat war die Stasi Ihnen doch bewußt?

VINKE Ja, natürlich. Die Staatssicherheit erfaßte ja viele Bereiche. Das eigentlich Schlimme war das Ausspionieren der privaten Umgebung. Das ist etwas Bedrückendes für eine ganze Gesellschaft.

VINKE Erschreckt es Sie, wenn Sie heute solche Dinge lesen? Haben Sie geahnt, daß dieser Spitzelapparat so tief auch in privateste Bereiche vordrang?

ALBRING Ahnen konnte man das schon. Wissen Sie, jemand, der lange unter Diktaturen gelebt hat, entwickelt fast einen sechsten Sinn, wenn jemand kommt und ihm eine besondere Frage stellt. Da stellt sich fast automatisch ein Alarmzeichen ein und zugleich die Einsicht, so zu antworten, daß man niemandem schadet. Nach dem Scheitern des SED-Regimes konnte man hören, daß auf etwa zehn Einwohner ein Spitzel kam. Eine erschreckende Zahl!

VINKE Am militärischer Forschung haben Sie nach der Rückkehr aus der Sowjetunion nicht mehr mitgearbeitet?

ALBRING Das ist richtig. In der DDR war ich an militärischer Forschung nicht beteiligt. Als ich frei wählen konnte, und diese Möglichkeit hat die DDR mir ab 1952 eingeräumt, habe ich nicht mehr im Auftrage des Kriegsgottes und seiner Paladine auf Erden geforscht. 1952 sollte ich an der Universität Rostock Dekan einer neuzugründenden

Flugzeugfakultät werden. Das habe ich abgelehnt. Ich habe sogar die Mitarbeit in der Astronautischen Gesellschaft in Dresden verweigert. Von 1952 bis heute konnte ich mich auf eine Forschung konzentrieren, die keine Beziehung zur militärischen Anwendung hat.

Zunächst wurde ich als Professor für Wasserkraftmaschinen berufen – eine wunderschöne Anwendung der Strömungsmechanik auf friedlichem Gebiet. Später kamen alle Arten von Strömungsmaschinen hinzu, von den Dampfturbinen bis zu den Kompressoren; schließlich die detaillierte Untersuchung von Strömungseffekten, insbesondere die Turbulenzforschung – Turbulenz, also der scheinbare Wirrwarr in den Strömungen, turbulente Wirbel, man sieht sie überall, in Wasserströmungen, in den Wolken, sie hemmen die Bewegung von Flugkörpern, sie sind sogar als riesige galaktische Formationen erkennbar. Zwischen diesen Erscheinungsformen gibt es verbindende Gesetze. Das heißt, es gibt Ähnlichkeiten zwischen den Wirbeln im Milchstraßensystem und den Grenzschichtwirbeln an einem Flugzeug oder Auto.

VINKE Da bietet sich fast eine philosophische Metapher an: Alles ist im Fluß ...

ALBRING Im Vorwort meines ersten Lehrbuches habe ich Heraklit zitiert: »Panta rhei« – »alles fließt.« Der Strömungsmechaniker sucht nach Gesetzmäßigkeiten in diesen Bewegungen, auch wenn sie sehr verworren sind. Das aber stärkt meinen Optimismus, auch auf anderen Gebieten, so innerhalb der menschlichen Gesellschaft die Ursache von Konflikten zu erkennen und Klärung, Lösung, Abhilfe durch die Tätigkeit des menschlichen Geistes zu erreichen.

Zu den Abbildungen am Beginn und Schluß des Buches

Vorne: *Oben links:* Die Nachbarinsel Klitschen, von Gorodomlias Südstrand aus gezeichnet. *Unten links:* Alle privaten Fotoapparate wurden im Depot der Inselverwaltung aufbewahrt. Nur selten durften die Besitzer sie ausleihen, um ein Familienfoto zu machen. *Oben rechts:* Unsere »terra incognita«. *Unten rechts:* Gemeinschaftsausflug mit dem Motorschiff zu einer der weiter entfernten Inseln des Seligersees.

Hinten: *Oben links:* Deutsche Spezialisten bei ihrem sonntäglichen Gang zum Einkaufen in Ostaschkow (Winter 1946/47). *Unten links:* Wohnhaus im Dorf auf Gorodomlia. *Oben rechts:* Ein Ausflugsdampfer mit deutschen Familien an Deck vor dem Kloster Nilowa Pustin. *Unten rechts:* Die Tennis-Enthusiasten hatten sich ihren Spielplatz selbst gebaut.

Werner Albring, 1914 in Schwelm in Westfalen geboren, studierte Maschinenbau an der Technischen Hochschule Hannover, Diplomingenieur, Promotion. 1941 bis 1945 stellvertretender Leiter des Instituts für Aerodynamik und Flugtechnik in Hannover. 1946 bis 1952 Aerodynamiker am Institut zur Entwicklung ballistischer Großraketen auf der Insel Gorodomlia in der Sowjetunion. Von 1952 bis 1979 Professor für Strömungslehre an der TH Dresden (ab 1961 TU Dresden). 1961 Berufung in die Deutsche Akademie der Wissenschaften. 1965 bis 1985 Vorsitzender des Redaktionskollegiums der Zeitschrift »Maschinenbautechnik«. 1984 Ehrendoktor der Technischen Hochschule Leningrad. Werner Albring lebt in Dresden.

Zahlreiche Veröffentlichungen in Fachzeitschriften. Buchveröffentlichungen u. a.: *Angewandte Strömungslehre*, 1961 (6. Auflage 1991); *Elementarvorgänge fluider Wirbelbewegungen*, Berlin 1981.

Herman Vinke, 1940 geboren, Journalist, langjähriger Mitarbeiter des NDR, berichtete als ARD-Korrespondent aus Japan und den USA. Zur Zeit Leiter des ARD-Studios Ostdeutschland. Veröffentlichungen u. a.: *Carl von Ossietzky*, 1978; *Das kurze Leben der Sophie Scholl*, 1980.

Erwin Chargaff im Luchterhand Literaturverlag

Abscheu vor der Weltgeschichte
Fragmente vom Menschen
Sammlung Luchterhand 999
Erwin Chargaff, Biochemiker von Weltrang und einer der schärfsten Kritiker des Wissenschaftsbetriebes, hält in diesen Essays einen sarkastischen Nachruf auf die Wissenschaft und ihr faustisches Prinzip.

Das Feuer des Heraklit
Skizzen aus einem Leben vor der Natur
Sammlung Luchterhand 844
»Zwei verhängnisvolle wissenschaftliche Entdeckungen haben mein Leben gezeichnet: erstens die Spaltung des Atoms, zweitens die Aufklärung der Chemie der Vererbung. In beiden Fällen geht es um Mißhandlung des Kerns: des Atomkerns, des Zellkerns. In beiden Fällen habe ich das Gefühl, daß die Wissenschaft eine Schranke überschritten hat, die sie hätte scheuen sollen.«

Unbegreifliches Geheimnis
Wissenschaft als Kampf für und gegen die Natur
Sammlung Luchterhand 849

Zeugenschaft
Essays über Sprache und Wissenschaft
Sammlung Luchterhand 904
In seinen Essays über Sprache, Lesen und die klassische Literatur versucht Chargaff die humane Substanz zu erhellen, auf die Zeitkritik sich immer wieder beziehen muß, will sie einen Maßstab für die Gefährdung der Menschheit entwickeln.

13. 11. 1984

Franz [illegible]